杨义先趣谈科学丛书

# 网络安全三十六计

## 人人该懂的防黑客技巧

杨义先　钮心忻　张艺宝　著

电子工业出版社

**Publishing House of Electronics Industry**

北京·BEIJING

## 内 容 简 介

喜欢研究《三十六计》的人很多，喜欢研究网络安全的人却很少。但在当今这个黑客威胁长存的时代，每个人都该懂些网络安全知识，否则就可能沦为黑客的猎物。本书意在让喜欢研究《三十六计》的人都能轻松掌握网络安全的基本常识，从而保护自己作为合法网民的基本权益。具体来说，本书通过深入浅出的语言和网络安全的案例技巧，风趣幽默地逐一讲述了《三十六计》的每个计谋及其相应的兵法和网络对抗思路。本书既想将兵法迷引导成网络安全专家，也想将网络安全专家引导成兵法迷，毕竟网络对抗与真实战争正在迅速融合，多懂一些兵法和谋略将毫无疑问地增加网络战胜算的概率。作为一部科普作品，本书既适用于普通网民，也适合于网络安全专业人士。

**图书在版编目（CIP）数据**

网络安全三十六计：人人该懂的防黑客技巧 / 杨义先，钮心忻，张艺宝著 . —北京：电子工业出版社，2024.2
（杨义先趣谈科学丛书）
ISBN 978-7-121-47111-7

Ⅰ . ①网… Ⅱ . ①杨… ②钮… ③张… Ⅲ . ①计算机网络 – 网络安全 – 普及读物 Ⅳ . ① TP393.08-49

中国国家版本馆 CIP 数据核字（2024）第 020912 号

责任编辑：李树林
印　　刷：涿州市般润文化传播有限公司
装　　订：涿州市般润文化传播有限公司
出版发行：电子工业出版社
　　　　　北京市海淀区万寿路 173 信箱　邮编　100036
开　　本：720×1 000　1/16　印张：20.75　字数：349 千字
版　　次：2024 年 2 月第 1 版
印　　次：2024 年 10 月第 2 次印刷
定　　价：88.00 元

凡所购买电子工业出版社图书有缺损问题，请向购买书店调换。若书店售缺，请与本社发行部联系，联系及邮购电话：（010）88254888，88258888。
质量投诉请发邮件至 zlts@phei.com.cn，盗版侵权举报请发邮件至 dbqq@phei.com.cn。
本书咨询和投稿联系方式：（010）88254463，lisl@phei.com.cn。

曾经，战场是战场，网络是网络；战场上硝烟弥漫，网络中暗流涌动。如今，战场就是网络，准确地说，战场就是网络的网络。这些彼此互联的网络包括但不限于各种通信网、控制网、情报网、智能网、电力网以及传统军需保障网等。战争的目的除传统的攻城掠地和生命屠戮外，已经越来越多地转向了对战场上的各种网络进行软杀伤和控制等。比如，像1991年海湾战争中以美国为首的联军所做的那样，主要通过电子战破坏伊拉克的网络，使对方成为任人宰割的"羔羊"，没有反抗余地。实际上，在海湾战争初期，美军便使用了电子手段对伊拉克军队（下文简称伊军）的网络实施了强烈干扰，有效压制了伊军的通信和预警雷达系统，夺取了"制电磁权"，强化了其"硬杀伤"空袭行动的突然性和有效性。在战争的全过程中，美军又针对伊军的指挥、控制、通信和情报等网络实施了持续不断的电子战，对伊军的几乎所有信息网络进行了"软压制"，从而导致伊军指挥失灵，通信中断，预警与反击能力丧失，最终只能被动挨打。

在战场变为网络的同时，反过来网络也迅速变为战场。这一点如今已表现得越来越明显，而且还有愈演愈烈之势。实际上，即使在和平时期，网络战争也在每时每刻地进行着。其中，既有国家之间的博弈，也有集团之间的竞争，还有黑客个人之间或个人与集团之间的对抗，更有像斯诺登这样的美国"棱镜计划"的曝光者。美国一方面在不停地通过网络攻击别人，另一方面却非常霸道地向全球宣称：无论是谁，只要胆敢对其重要信息基础设施施展黑客手段，美国都将毫不手软地予以迎头痛击！原来，在美国眼里，网络武器的威力早已不亚于核武器，甚至在杀伤力、精准性和成本等方面，远比核武器更具优势。

曾经，黑客是黑客，战士是战士。如今，黑客早已成为战士，还是冲锋陷阵的战士，以致每场战争的第一枪几乎都得由黑客打响，每场战争的最终胜负也在一定程度上取决于黑客。难怪许多国家已把"网军"作为一种正式兵种，并加以大力发展。反过来，战士也正在迅速演化为黑客，枪林弹雨中的打打杀杀也正在迅速演化为键盘上的敲敲打打，前线战壕中的血肉横飞正在迅速演化为后方机房的鼠标点击。也许在不远的将来，不想当黑客的士兵将不再是好士兵。

有关黑客与战士或网络与战场充分融合的最新案例，当然要算正在激烈进行中的俄乌冲突。其实，当2022年2月24日俄乌冲突发生时，乌克兰的互联网和多个重要信息系统早已被黑客摧毁，乌军的指挥系统也基本失灵。紧接着俄军就从空中和地面同时发起了前所未有的闪电战，风卷残云般地越过两国边界，对乌克兰进行了有针对性的轰炸。仅仅在开战的第一天，乌克兰全境就遭受了灭顶之灾，司令部和指挥据点被炸，飞机、坦克等武器瞬间成为摆设，多地沦陷，雷达遭袭，电厂瘫痪，机场被毁。总之一句话，"乌克兰似乎马上就要完蛋了！"

可几天后，奇迹发生了，已经失去规模化抵抗能力的乌克兰，竟然摇摇晃晃地从废墟中站起来了。这时，只见欧美众多机构和个人纷纷登场了。马斯克提供了"星链"网络服务，恢复了乌克兰的网络系统。北约提供了俄军的相关情报,让乌军有了知己知彼的优势。以美国为首的一些国家资助了一大批无人机和传统武器,让乌军将现代化战争能力推向了一个新高度。总之,乌克兰起死回生了,曾经弱不禁风的黑客有了用武之地,俄乌战局也更复杂多变。虽然现在还不知道俄乌双方到底会鹿死谁手,但黑客与战士的一体化趋势已经在这场战争中表现得淋漓尽致了。

曾经,攻城略地是战争的目的,而网络控制与枪炮等却只是战争的手段。在不远的将来,战争的目的和手段可能会彻底颠覆,即网络控制变成了目的,而枪炮和攻城略地等则只是手段,而且还可能只是越来越次要的手段。换句话说,今后若能控制对方的网络系统,基本上就占据了主动权,其效益和影响都远远高于传统的大规模攻城略地。

总之,既然网络与战场不再分家,既然战士和黑客难辨彼此,既然战争的重心正在发生剧烈变化,由昔日的控制领土和居民转变为今天的控制网络和信息,那么传统的战争策略也该有相应的调整,至少应该与黑客的攻防思路进行及时融合而不是简单的机械式拼接,毕竟现实世界与网络世界之间确实存在着若干实质性区别。必须认真考虑如何将《孙子兵法》和《三十六计》等为代表的“战争基因”及时植入网络对抗,并催生出相应的“转基因”网络信息攻防策略。另外,既然网络安全已成为国家安全的重要组成部分,既然信息武器已经成为保卫国家安全的撒手锏,既然信息战已开始变得越来越重要,甚至在不远的将来,国家间的冲突可能将由硬杀伤为主变成软杀伤为主,那么过去民间网络对抗的小打小闹策略也该有相应的调整和加强,至少应该尽早出现能与相关传统兵法相媲美的网络对抗兵法,尽早出现大规模网络控制的战略级对策。

综上所述,现在确实已经到了将传统兵法与现代网络战争相融合的时候了,而本书正是对这种融合的一次初探,准确地说是针对普通大众的一次科普性的初探。实际上,本书意在让喜欢研究《三十六计》的人都能轻松掌握网络安全基本常识,从而保护自己作为合法网民的基本权益。因此,本书通过深入浅出的语言和网络安全的案例技巧,风趣而幽默地逐一重新阐述《三十六计》中的每个计谋及其相应的兵法和网络对抗思路。

本书既想将兵法迷引导成网络安全专家，毕竟我国有太多的兵法迷，也有很多的《三十六计》粉丝；也想将网络安全专家引导成兵法迷，毕竟网络对抗与真实战争正迅速融合，多懂一些兵法和谋略将毫无疑问地增加网络对抗的胜算概率。作为一部科普图书，本书既适用于普通网民，也适用于网络安全专业人士。毕竟在当今这个黑客威胁长存的时代，每个人都应该懂些网络安全知识，否则就可能沦为黑客的猎物。

由于作者水平有限，本书可能存在不少缺陷，欢迎大家批评指正，更欢迎大家继续探讨网络攻防与传统兵法的深度融合问题。谢谢大家！

作　者
2024 年 1 月 8 日
于北京温泉茅庐

目录

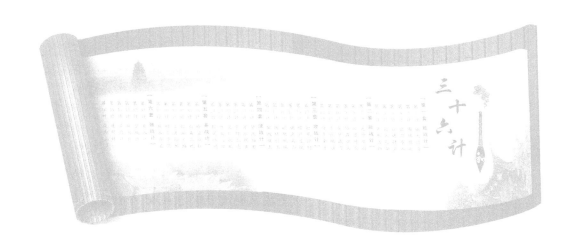

三十六计

|第一套|

# 胜 战 计

这是一套我方处于绝对优势地位之计谋。

在现实世界，此套计谋是君御臣、大国御小国之术。在网络世界，此套计谋也适用于绝对优势方。那么，攻防双方何时才能处于绝对优势地位呢？

对守方来说，当他正在为一个新建的系统打造全方位的安全保障体系时，他当然处于绝对优势地位。毕竟在政治和经济等实力允许的前提下，此时的守方可以动用一切手段来使自己的系统固若金汤。毕竟在系统建成之前，此时的黑客根本不知道攻击目标的存在，自然就不能发起相应的攻击了。因此，守方在安全系统的建设之初，必须充分利用好这套"胜战计"，绝不能有半点马虎，绝不能忽略任何有效的安全技术、产品和法规等，绝不能怀有任何侥幸心理，绝不能将安全策略建立在打补丁的基础上。

可惜，事实却反复证明，"胜战计"经常被守方有意或无意忽略。比如，人们当初在设计互联网时，就几乎没考虑网络安全问题，甚至压根儿就没想到互联网会如此迅速普及，从而使得互联网变成了一个典型的"先天性安全弱智儿"，以致在互联网上"没人知道对方到底是一个人还是一条狗"。但愿今后的元宇宙、脑机接口、虚拟现实和人工智能等新系统以此为鉴，不重蹈覆辙。但愿"安全"能成为今后所有系统的有机组成部分，毕竟安全具有一票否决的最终裁判权。

对攻方来说，除非是国家之间的信息战，否则从整体上看，守方的优势确实更加明显。毕竟在一般情况下，守方代表正义，他甚至可以借用法律和政府的力量来捍卫自己的权利。但是，这并不意味着作为攻方的黑客就不能创建自己的绝对优势地位。比如，黑客在发动突然袭击时，就很可能让对方措手不及，以致当黑客鸣金收兵后，守方都还没能反应过来。又比如，黑客在攻击系统薄弱处时，也可能使自己处于绝对优势地位，这也是普通网民经常惨遭攻击的原因。总之，黑客若想获胜，他也必须充分用好"胜战计"。

事实证明，许多黑客已将"胜战计"发挥到极致并取得非常好的战绩。比如，被称为世界"头号黑客"的凯文·米特尼克虽然没能掌握尖端的黑客技术，但他仍然凭借其出色的攻击技巧，单枪匹马就让全世界目瞪口呆，更让FBI等强力机关丢尽面子，以致不得不将他作为公开高价悬赏捉拿的要犯。

实际上，这位生于1963年的"学渣"，早在15岁时就通过计算机闯入美国五角大楼的"北美空中防务指挥系统"，还顺便翻阅了美国瞄准苏联及其盟国的所有核弹资料，然后又悄无声息地安全撤退。幸好他未将这些情报卖给克格勃，否则，用美国军方相关人士的话来说，"政府将花费数十亿美元来重新部署这套防空系统"。幸好当时他还未成年，所以只被美国加州青年管教所监禁了半年了事。

出狱后，米特尼克这位初生牛犊更加放肆。他不但干脆将自己的汽车牌照换为"XHACKER"（前黑客），开着跑车四处炫耀其黑客身份，还数次侵入多家重要机构的计算机系统并造成重大损失，以致在他25岁那年再次被捕。

一年后，刚刚"二出宫"的米特尼克又施展"绝技"，给相关单位造成高达3亿美元的经济损失，随后又消失在前来逮捕他的FBI眼前，并与后者玩起了长达六年多的"老鼠戏猫"游戏，以致他被FBI骂为"地狱黑客"和"最出色的网络窃贼"。在遭通缉期间，米特尼克还不时侵入警方计算机系统"问好"。最终FBI在收买了其密友后，总算于1995年2月，在米特尼克再次侵入FBI内部时，将他第三次捉拿归案。从此，网络世界的这位"地狱黑客"才被压进了FBI的"五指山"。

# 第1计

# 瞒天过海

备周则意怠，常见则不疑。阴在阳之内，不在阳之对。太阳，太阴。

瞒天过海，意指采用欺骗的手段在暗地里活动，其中"瞒天"只是手段，"过海"才是真正目的。因此，为了达到其目的，一方可以反复对另一方进行迷惑和欺骗，使之放松警惕，最终上当受骗，让施计者如愿以偿。

此计的典故出自《永乐大典·薛仁贵征辽事略》。贞观十七年（公元643年），唐太宗御驾亲征，领三十万大军直扑东方。一日，大军来到海边，只见眼前白浪滔天，一望无垠。唐太宗向众人问及过海之计，四下左顾右盼，面面相觑。这时，一位久居海边的富豪请求见驾，声称欲献上巨额军粮。唐太宗大喜，率百官随富豪来到海边。但见成山的军粮已用巨型彩幕遮围，十分严密。富豪向东倒退引帝入室。室内更是绣幔彩锦，茵褥铺地。百官进酒，宴饮甚欢。不久，风声四起，涛吼如雷，杯盏倾侧，人身摇动不止。唐太宗大惊，忙令近臣揭开彩幕，察看究竟。不看则已，一看愕然。原来，眼前竟是一片茫茫大海，岸边渔村早已远去，渡海行动已悄然顺利进行。原来这位"富豪"竟是薛仁贵假扮的，这"欺瞒天子过海"之计也是由他一手策划的。从此，"瞒天过海"就引申为一种示假隐真的疑兵之计，常用于战役伪装，以期出其不意。

在网络安全领域，瞒天过海也是攻防对抗的重要手段，其表现形式更是千奇百怪，根本不可能逐一罗列。不过，已有数千年悠久历史的密码通信算得上是古今中外最常用的一种瞒天过海之术，其核心包括加密和解密两部分。

这里的"加密"是手段，它相当于"瞒天"，即把谁都能读懂的明文消息（简称为明文）转变成黑客无法读懂而友方却能轻松读懂的乱码消息（简称为密文），以实现隐藏信息之目的，让黑客及敌方即使在截获相关密文后也仍然不知所云。比如，将一篇含义清晰的文章转变成一页莫名其妙的文字排列，或将一首美妙的歌曲转变成一段刺耳的噪声，或将一部惊心动魄的电视剧转变成满屏眼花缭乱的雪花斑点。总之，任何明文都可被相应的加密手段转变成面目全非的密文。

这里的"解密"是目的，它相当于"过海"，即根据事先约定的只有通信双方才知晓的信息（简称为密钥），由合法收信方（友方）将密文轻松恢复成加密前的明文，让其知悉相关内容，从而完成保密通信任务。特别需要指出的是，在密码体系中，密钥扮演着非常关键的角色，密钥也是唯一不能公开的东西，所以密钥的生成、传递、管理和保存便成了全体网民的重要任务。实际上，此处的密钥便是普通老百姓俗称的"密码"或"口令"，比如，手机的开机"密码"或银行卡的取款"密码"等。难怪当你首次开户时，银行会对你设置（生成）的"密码"提出诸如长度、字母、数字和大小写等方面的严格要求；难怪你的"密码"需要不定期地更新以防因泄密而造成损失；难怪你不能将自己的"密码"随意告诉他人，否则你的上述瞒天过海之计就必定失败。

针对某种既定的密码算法，如何判断你的瞒天过海之计是否可行呢？从经济角度来看，若黑客破译相应密码的成本高于他因此而获得的收益时，你的瞒天过海就算成功了，毕竟，黑客行为归根结底仍是一种经济行为，黑客得不偿失的努力当然就是你的成功。从时效性角度来看，若黑客破译密码的时间超过了密码的有效期，你的瞒天过海也算是成功了。比如，美军在伊拉克的"沙漠风暴行动"只持续了100 小时，若黑客在此战结束后 1 小时才破译了美军的密码，那么黑客的所有努力显然都已白费了。从纯技术角度来看，基于密码算法的瞒天过海之计的威力，主要取决于黑客的攻击能力或他对密码的破译能力。

按从弱到强的攻击能力排序，黑客的密码破译可分为三类：仅知密文攻击、仅知明文攻击和选择明文攻击。其中，仅知密文攻击是最弱的攻击，此时黑客只能截获密文信息而对诸如以往的明文信息和加密算法等都一无所知，他却能借助强大的算力（比如可以调用全球的所有计算机资源），在可以忍受的时间内（比如相对于密钥长度的多项式时间，而非指数级时间）恢复出原来的明文信息。实际上，所有密码算法都必须能够抵抗仅知密文攻击，否则就没有任何理论价值。

仅知明文攻击是相对仅知密文攻击来说较强的攻击。此时黑客不但截取了当前的密文消息，还能获得以往的若干明文消息，更能凭借这些消息成功恢复出当前的明文消息。形象地说，此时可以假设黑客曾是我方的一位加密员，而且他在叛变前还有意收集了若干份加密电报，知道这些电报所对应的明文和密文。在实用中，任何重要场合所使用的密码都必须能够抵抗仅知明文攻击，否则就没有实用价值。

选择明文攻击是最强的攻击，此时黑客不但截获了当前的密文消息，还已知对方所用密码的加密算法（只是不知道解密算法和密钥信息而已），更能凭借这些信息成功恢复出当前的明文消息。形象地说，此时可以假设黑客已经成功偷得了一台加密机（只是没有解密机），因此对任何明文他都能借助偷得的加密机获知该明文所对应的密文，因此他的破译能力得到大幅提高。其实，也许会出乎你的意料，在实用中几乎所有的民用密码都能抵抗这种最强的黑客攻击，因为民用密码的加密算法本来就是公开的，任何人都能轻松获取。

在基于密码的瞒天过海之计使用方面，史上最成功的人士当数2000多年前的古罗马的恺撒大帝。他不但借助密码打赢了无数场战争，甚至还发明了一种以其名字命名的流传至今的"恺撒密码"，即把明文中的每个字母替换为其在字母表中向后移 3 位的那个字母。比如，将明文中的 A 替换为密文中的 D，B 替换为 E，……，X、Y 和

Z 分别替换为 A、B 和 C 等。据说，恺撒大帝是一位典型的密码控，他打仗时用密码，与朋友通信时用密码，甚至在写日记时也要使用密码。

史上最失败的密码使用者之一，应当数近 500 年前的英格兰女王兼法国王后玛丽·斯图亚特。这位以貌美著称的王后本来是至高无上的国王，却因为使用密码不当，私信被破译，结果被情敌和政敌钻了空子，引发严重误会，最终竟在 1587 年 2 月 8 日，在北安普敦郡被含冤砍头，这便是史上著名的"巴宾顿密码事件"。唯一值得庆幸的是，该悲剧意外催生了机械密码的诞生。

史上对人类贡献最大的密码破译者之一，当数人工智能之父和计算机科学之父图灵。用英国前首相丘吉尔的话来说：图灵是二战的最大功臣！原来，由于图灵成功破译了纳粹德国的主战密码，终于使得二战提前两年结束，至少拯救了 1400 万条生命。可非常悲哀的是，如此伟大的精英，却因为当时人们的认识局限而被判有罪，最终于 1954 年 6 月 7 日，含冤服毒自杀，年仅 42 岁。

作为胜战计中第 1 计瞒天过海的典型代表，密码确实可以营造出让我方处于优势地位的氛围。比如，我方可以大张旗鼓地依法使用各种密码算法，来保障自己应有的权益，甚至有权剥夺黑客非法使用其他密码算法的资格，直接删除或阻断非法密文，甚至处罚其违规行为。

此外，在《三十六计》第 1 计瞒天过海中，还有这样一句原文"备周则意怠，常见则不疑"。确实，在二战中，纳粹德国的主战密码本来应该牢不可破，结果却因德军的过分自信，以致滥用成灾，最终引起人为失误，让图灵等密码破译高手创造奇迹。至于"常见则不疑"，它更是瞒天过海的最高境界，但因它的最佳案例是后面将要介绍的信息隐藏术，此处不再论及。

除密码外，另一种更广泛的瞒天过海安全技术叫保密，或信息保密。保密的主要目的是保护重要信息，控制其知悉范围并保障其安全。在人类发展进程中，自从有了秘密后，就有了保密行为，小至个人和家庭，大到政党和国家，为了维护其秘密信息都需要保密。特别是在数字化时代，保密工作更面临巨大威胁，比如，黑客可以通过非法访问来盗取秘密，可以利用搭线窃听来盗取秘密，可以利用木马等恶意程序来盗取秘密，可以通过篡改、插入、删除等手段来破坏信息的完整性，可以利用病毒来破坏信息系统的可用性，可以传播有害信息，可以冒充领导调阅密件，可以否认自己曾收发过某些秘密信息，可以用虚假身份骗取合法权限和隐私信息，可以非法占用系统资源，可以破坏系统可控性，等等。

目前，数字信息的泄密途径主要有如下五条：

一是硬件设备的电磁泄漏。无论是计算机主机，还是服务器、磁盘机、打印机或显示器等，它们在工作时都会产生不同程度的电磁辐射。有些辐射是通过电磁波向空中发射的，有些则是经电源线、信号线、地线等导体向空中发射的。但无论哪种辐射，它们所泄露的信息都能在数百米之外被黑客接收并还原。

二是系统后门、隐通道和漏洞造成的泄密。由于网络系统必须互联互通，必须支持远程访问，必须资源共享，而这又为黑客提供了窃密途径。毕竟网络信息太复杂，操作系统太庞大，通信环节太繁多，难免存在各种配置漏洞、操作漏洞和协议漏洞等，它们都可能被黑客利用。若有故意预留的恶意后门或隐通道，那将更加危险，其破坏力将远远超过普通间谍。

三是磁介质剩磁数据复原造成的泄密。实际上，磁介质存储的信息很难被彻底清除。当删除一个文件时，其实只是在文件目录表中对该文件加上了一个删除标志，将该文件所占用的扇区标识为空闲，而磁盘上的数据并未被真正清除。就算是通常所说的磁盘格式化，它也并未清除数据，只是重写了文件分配表而已。对分区硬盘来说，它也只是修改了引导记录，大部分数据并未发生改变。总之，经过删除、格式化或分区硬盘后，虽然一般用户确实再也看不见数据了，但若使用专用设备，黑客便能轻松找到并恢复这些被"删除"的数据。

四是操作系统失控造成的泄密。操作系统工作时，可能会做一些人们不希望做而又无法控制的事。比如，在进行写操作时，它会在磁盘上自动建立某些临时文件，并将某些信息暂存此处。虽然用户难以觉察这些暂存信息，黑客却有可能将它们提取出来，导致信息泄露。

五是技术不可控因素造成的泄密。这是发展中国家面临的共同问题，比如，主要软硬件进口的不可控，就是很大的泄密隐患。

面对如此众多的信息泄露渠道，为了做好保密工作，我们必须在规划信息系统时，同步落实相应的保密措施。信息系统的研制、安装和使用，也必须符合保密要求。比如，要及时配置合格的保密专用设备，对联网系统要采取访问控制、数据保护和保密监控等措施，不允许任何越权操作，敏感数据设备不得联网等。

对涉密信息和数据必须采取全生命周期的保密措施，必须按规定进行信息采集、存储、处理、传递、使用和销毁。比如，涉密信息必须有密级标识，该密级标识还不能与正文分离，涉密信息不得在公网中存储、处理和传递等。

对磁盘、光盘和计算机等涉密载体的使用、管理、维修和销毁等，也必须严格管理。比如，存有秘密信息的载体，应按所存储信息的最高密级标明密级，并按相应密级文件进行管理。存储过秘密信息的载体不能降低密级使用，不再使用的载体应及时销毁。秘密信息载体的维修应保证其中的信息不被泄露。打印或输出涉密文件时，也应按相应密级的文件进行严格管理。

处理涉密信息的场所不能与境外机构离得太近，应采取相应的防电磁泄漏等措施，应定期或按需进行保密检查，应设立适当的控制区，严禁闲杂人员出入。

此外，还必须加强涉密人员的管理，对表现突出者要奖励，对违规者要惩罚。总之，信息保密问题非常复杂，至少涉及管理、法规、人才和技术等方面。任何环节的疏漏，都可能造成巨大损失。

第 2 计

# 围魏救赵

共敌不如分敌，敌阳不如敌阴。

　　战国时期，卫国本来是魏国的小兄弟。公元前354年，赵国进攻卫国，迫使卫国屈服于己，于是卫国就被迫变成了赵国的小兄弟。失去小兄弟卫国后，魏国十分恼火，魏惠王便命庞涓讨伐赵国。不到一年，庞涓便攻到了赵国首都邯郸。危在旦夕的赵国国君一面竭力固守，一面派人火速奔往自己的盟国齐国求救。齐威王任命田忌为主将，以孙膑为军师，率军救赵。这时，孙膑献计，让军中最不会打仗的齐城和高唐佯攻魏国的军事要地襄陵，以麻痹魏军，而齐国大军却绕道直插大梁，在那里以逸待劳等待即将中计并途经此地的魏军主力。果然，魏惠王见本土受袭，赶紧命前线的庞涓停止攻赵，火速返回赵国救援。于是，已被匆忙回援折腾得疲惫之极的魏军主力，在孙膑提前部署的包围圈中被打败，赵国之危也就得以轻松化解。

　　此计的原文为"共敌不如分敌，敌阳不如敌阴"，其大意是说：面对强大而集中的敌人时，最好先想办法将其兵力分散成多个弱小部分，然后予以痛击。或者说，要集中力量攻打敌方的薄弱部分，要尽量避开敌方的坚固部分。其实，围魏救赵之计在网络安全中早已被攻防双方有意或无意地频繁使用了，甚至此计中的每个要点都已被若干网络安全技术采纳。比如，在网络安全中有一个著名的"木桶原则"，其意指任何信息系统的安全性取决于"木桶中最短的那根木板"。所以，从守方角度来看，信息系统各部分的安全程度最好都大致相当，否则，过度坚固的部分将白白耗费不必要的资源，过度薄弱的部分又将全面拉低系统的整体安全水平。比如，在设计一个安全机房时，若只将防盗门做得异常结实，却安装了一扇易碎的玻璃窗，该机房的安全性肯定不及格，防盗门的投资也失去了意义。从攻方的角度来看，聪明的黑客都会重点攻击系统的漏洞或薄弱处。比如，当用户使用了诸如"12345"这样的弱口令时，黑客便只需猜出口令，然后便可大摇大摆地盗取用户的任何信息；当用户存在人性弱点时，黑客便可投其所好，套取相关信息；当网络的电力系统不稳定或没有备份电源时，黑客便可重点攻击电网，以断电的方式让系统瘫痪等。

如何发现并处理系统的薄弱环节呢？这可是一个大问题，甚至是整个网络安全的核心问题，当然也不是三言两语就能说得清楚的问题。但是，对黑客来说，他至少可以利用全球已知的软件漏洞对目标系统进行攻击性测试，假如对方没能及时打补丁，黑客便有可乘之机。黑客也可借用所有已知的扫描手段或攻击手段对目标系统实行地毯式检测，随时发现可能出现的哪怕是细微的漏洞并及时加以利用，只要黑客的隐迹工作做得足够好，他就可以随时为今后的"围魏"寻找理想目标。对守方来说，他也必须随时做好全面的安全检查和评估工作，从技术、管理、人员、环境和法律等各方面着手，一旦发现问题就马上加以改进。

在围魏救赵之计中，"围魏"是手段，"救赵"才是目的。至于"救赵"的目的能否达到，则主要取决于"围魏"对象的选取是否得当，是否"围住了"对方的必救之处。那么网络系统的必救之处到底在哪里呢？从物理结构上看，任何信息系统的必救之处至少包括输入系统、处理系统、存储系统、传输系统和输出系统等。更形象地说，任何信息系统的必救之处都主要位于系统中各子系统的接口和边界处，它们便是攻守双方争夺的焦点和主战场。从逻辑结构上看，拙作《安全通论——刷新网络空间安全观》（简称《安全通论》）已严格证明了这样的结论：任何信息系统的安全逻辑结构都能分解成一种倒立树，该树中的节点可以分为自愈型和非自愈型两类。当自愈型节点受到攻击时，系统的整体安全性几乎不受影响，而且被攻击的部分甚至可以自动恢复。因此，当你想"围魏"时，绝不该选择自愈型节点作为目标，否则对方便可以完全忽略你的"围魏"之举，你也不能达到"救赵"之目的。换句话说，非自愈型节点才是"围魏"的重点，才是对方的必救之处。当然，并不是每个非自愈型节点都能产生"围魏救赵"

效果，这取决于攻方到底擅长攻击哪个节点，毕竟只有当"围魏"的力度达到一定水平时，被围方才会产生危机感；也取决于守方在哪个节点处最薄弱，毕竟薄弱处本来就容易招来攻击；还取决于守方最在意哪个节点的安全性，毕竟安全只是相对的，守方肯定会随时权衡各种利弊。总之，若想成功围魏救赵，首先就得正确地"围魏"。

围魏救赵之计的另一要点是分散敌人兵力。当敌人势头强大时，就要及时回避，像治理洪水那样加以疏导。当敌人弱小时，就要抓住时机迅速消灭之，就像筑堤围堰那样不让细水流走。此要点也是网络安全的一招必杀计，只是不能生搬硬套传统兵法而已，毕竟网络对抗不靠人海战术，黑客攻击贵精不贵多，贵快不贵猛，贵准不贵滥，所以必须对所谓的"兵力"有正确认识，而不是机械地计算带宽、算力或存储容量等。比如，在密钥管理中就有一种著名的分散策略，其将密钥从逻辑上切割成 $N$ 部分并由不同的人员分散保管，使得只有当其中的 $K$（$K<N$）或更多的部分被黑客截获后，黑客才能凭此将密钥恢复出来，从而达到分散黑客"兵力"的效果。其实，金库钥匙也经常采用这种思路来保管，只不过此时对钥匙的分割是物理的，即只有当钥匙管理员到齐后才能打开金库。就算盗贼能搞定金库钥匙的某个或某些管理员，他也很难搞定所有的管理员。

在网络世界，区块链可算是最典型的一种"分兵"系统。比如，以基于区块链的分布式记账为例，即使黑客通过某种手段成功修改了张三账户的金额，或张三主动配合黑客增加了自己账户的余额，那么这些修改也都完全无效，系统都能将张三的金额自动恢复为修改前的数据。就算这位黑客很厉害，已成功修改了 $K$ 位用户的账本，让这些账本都显示为修改后张三的余额，那么，只要这个 $K$ 不超过用户数目的一半，系统也仍能自动恢复修改前的数据。实际上，区块链的分布式记账特性就确保了任何少数个人，哪怕他们是合法用户，哪怕他们行动一致，只要他们不能代表大多数用户，他们就不能随意修改。同样，互联网本身自问世之日起就具有天生的"分兵"优势，它的最初设计理念就是能抵抗敌方的"局部摧毁"，或者说，只要对手不肯"分兵"互联网就不会彻底瘫痪。

在阅读围魏救赵故事时，细心的读者也许已经注意到了这样的事实：在围魏救赵之计中，除直接对抗的"魏"和"赵"外，其实还有另一个隐形的第三方"齐"，准确来说，齐国围困魏国而救赵国。同样，在网络安全中也经常会涉及三方：用户（相当于"赵"）、黑客（相当于"魏"）和守方（相当于"齐"）。准确来说，守方为了保护用户的信息系统而与黑客展开攻防对抗，而用户则向守方支付必要的安全服务费。目前，这种购买第三方安全服务的做法正在成为全球信息界的主流，毕竟，随着黑客水平的不断提高和攻击活动的日益猖獗，普通用户已无力单独抵抗黑客攻击，只能聘请专业机构来为自己保驾护航。另外，若想构建和维护网络安全体系，就必须花费大量的设备和资金，任何单一用户都很难承受如此巨大的经济压力，只能由专业安全机构来统一构建先进的保障体系，并以此向众多用户提供性价比更高的安全服务。至于用户与守方之间的权益平衡问题，那么将用相关的法律和技术手段来解决。相信在不远的将来，各种级别的网络安全服务商将陆续诞生，那时普通的个人或企业只需支付很少的费用，甚至都无须像现在这样购买众多设备，便能享受满意的安全服务。

在网络安全领域，最典型的不怕围魏救赵之计的东西，当数耳熟能详的比特币。这是因为，一方面比特币是去中心化的，另一方面它还是匿名的。

先看比特币的去中心化。直观来说，在比特币系统中，根本没有中心节点，每个节点的地位都完全相同，甚至都不怕"死"。因此就算你"围住了"比特币系统中的任何一个节点，它都不可能是魏惠王必须救的那个"魏"，甚至魏惠王都可以完全忽略你的举动，当然你也就达不到救赵之目的。当然，若你能"围住"一半以上的节点，那你就能控制比特币系统，而这几乎又是不可能的事情，毕竟比特币的节点太多太分散，从理论上看，任何组织或国家都不能控制它。

什么是去中心化呢？为了回答这个问题，先来看什么是中心化。实际上，如今每个国家的钞票系统就是典型的中心化系统，那个发钞银行就是该系统的中心，它相当于围魏救赵中的那个"魏"，当该中心被"围住"后，魏惠王就必须舍命相救，否则整个钞票系统都会崩溃。普通的钞票使用者当然不会是那个"魏"，哪怕你拥有再多的钞票，哪怕你被"围"得很惨，魏惠王也可以完全忽略你的生死，因为整个钞票系统不会因此而受到实质性影响。说清楚了中心化，也就等于说清楚了去中心化，因为后者只是前者的反面而已。因此，在去中心化系统中根本就不存在任何中心，自然也不怕任何人来围魏救赵。

为什么需要去中心化系统呢？仍然先看中心化。中心化确实有许多好处，比如，它有一个明确统一的认证和管理机构，只要这个机构安然无恙，整个系统就能正常运行。因此，中心化系统可以集中力量办大事，可以保持很高的运行效率。但中心化系统也有其弊端，它的管理和仲裁工作非常庞杂，机制上的任何缺陷都会引发全局性问题，同时又缺少对中心权力的制约，甚至可能出现权力失控或集中力量办坏事的情况。去中心化的优缺点刚好与中心化相反，它们可以优势互补。比如，传统银行的分类记账就是中心化的，交易也是非公开的。银行掌握所有用户的账目信息和交易记录，而每个用户则只掌握自己的信息，无法知晓其他用户的情况，因此银行与用户的地位显然不同，更谈不上公平。在比特币这样的去中心化系统中，每个用户（比特币的持有者）的地位都是完全相同的，所有交易都是公开的，任何人都无权发行钞票或擅自篡改账目等。

再来看比特币的匿名性。为了说清楚比特币的匿名性，先来看普通钞票的非匿名性。谁都知道，由于你在银行的账户是实名注册的，所以当你刷卡消费或用汇票支付时，银行便能很快知悉你的交易细节，包括你是谁，你买了什么，你支出了多少，你是在哪里完成交易的，等等。即使你采用现金支付，只要银行愿意花费更多精力，它照样能摸清每张钞票的流通路径，毕竟每张钞票上都有一个唯一的编号，都可以被溯源跟踪。但用比特币交易时，情况就完全不同了。首先，比特币系统不需要进行实名登记注册，系统只认钱，不认人，谁也不知你到底是谁，甚至不知道持币者到底是什么。其次，比特币系统中的交易都是持币者之间的直接交易，并没有银行之类的第三方参与，虽然所有的交易金额等次要信息是公开透明的，但交易者的身份始终是保密的。也就是说，比特币系统具有良好的匿名性，这也是比特币经常被用于黑市交易的原因。

匿名性为什么能对付围魏救赵之计呢？想想看，如果面对一堆完全匿名的用户，面对一串完全不知其主的流动资金，就算你千方百计"围住了"某些东西，请问你怎么知道自己到底是不是围住了"魏"呢？你怎能断定那个魏惠王就一定会去救你围住的东西呢？如果他不理你，你的分兵之计还能实现吗？

当然，无论去中心化还是匿名性，比特币的这些特性都只是相对的，而非绝对的。但至少可以说，它的去中心化程度和匿名性远远好于所有的银行系统。

第3计

# 借刀杀人

　　敌已明，友未定，引友杀敌，不自出力。以《损》推演。

　　此计中"借刀"是手段，"杀人"才是目的。借刀杀人之计一般在两种情况下使用：其一是自己不想直接出面，只是借助他人之手去害人。比如，《红楼梦》中的王熙凤，便是借助秋桐之手加害了尤二姐。其二是自己无法直接达到目的，只好利用别人之手来实现自己的愿望。比如，明末时努尔哈赤及其儿子皇太极曾五次大规模进犯中原，结果都被宁远守将袁崇焕率领的明军击退。后来，气急败坏的皇太极只好实施借刀杀人之计，并最终除掉了袁崇焕。原来，皇太极秘密派人重金收买明朝宦官，让宦官向崇祯皇帝"告密"，说袁崇焕已与后金订下密约并故意让努尔哈赤的军队深入内地，甚至有可能伺机造反。崇祯皇帝大怒，便将袁崇焕推出斩首。从此，皇太极再无劲敌，很快就灭掉了明朝。

　　借刀杀人计的原文中还有这样一段话"敌已明，友未定，引友杀敌，不自出力"，其大意是说：敌方身份已明，友方态度未知；借用友方力量去消灭敌人，自己却不出力。

　　史上最著名的借刀杀人案例，当数"二桃杀三士"。其故事梗概如下：

　　从前，春秋齐景公时期，齐国有三位武艺高强的勇士公孙捷、田开疆和古冶子。他们因意气相投而结为异姓兄弟，不求同年同月同日生，但求同年同月同日死。但他们都自恃功高盖世，脾气暴躁，骄横跋扈，以致"上无君臣之义，下无长幼之伦，内不以禁暴，外不可威敌"。特别是田开疆更是成为国家隐患，因为其家族已串通国内几大贵族掌握了越来越大的实权，甚至直接威胁到国君的统治。齐景公本想直接杀掉这三人，但又担心弄巧成拙，担心"搏之不得，制之不中"，所以迟迟不敢动手。这时，晏婴及时献上了借刀杀人之妙计，果然就不动声色地除掉了此三人。原来，在一次宴会上，齐景公声称将拿出两个富贵的金桃犒赏功劳最大的臣属。但为公平起见，希望每人自行表功。

话音刚落，三勇士中的公孙捷就抢先表功说："有一次我陪国君在林中打猎，突然蹿出一只猛虎。我奋不顾身冲上前去，用尽全力打死老虎，解救了国君。如此大功，难道不该吃个金桃吗？"晏婴赶紧附和说："冒死救主，功比泰山，当然该赐酒一杯，赏桃一个。"公孙捷十分得意，底气十足地当众饮酒食桃。

三勇士中的古冶子见状很不乐意，白了公孙捷一眼就表功道："打死老虎有啥稀奇！当年我送国君过黄河时，一只水怪兴风作浪，咬住马腿把国君拖入急流。是我跳进汹涌的波涛，舍命杀死那只水怪才拯救了国君。像这样的奇功，当然该吃个桃子！"齐景公也乘机附和道："当时确实危险万分，若非古冶子将军舍命相救，哪有我的今天。如此奇功，理应吃桃！"晏婴也积极配合，赶紧把剩下的那个桃子送给了古冶子。

田开疆眼见桃子分完，非常气愤地说道："当年我奉命讨伐徐国，出生入死，杀敌斩将，俘虏五千余人，吓得徐国国君俯首称臣，就连邻近的郯国和莒国也都望风归附。如此大功，难道不该吃个桃子吗！"这时，晏婴故意煽风点火道："田将军之功当然超过前两位，可惜，今天桃子已分完，只好再等下次机会了。不过，还是先赏你一杯酒吧！"

早已失去理智的田开疆狂吼道："打虎杀怪算啥功劳！作为南征北战的头号功臣，竟然连我都吃不到桃子且还在国君面前遭受如此羞辱，我哪还有脸活在世上？"说罢，竟挥剑自刎了。公孙捷大惊，也拔剑说道："我竟因小功而吃桃，大功臣田将军却反倒没桃吃。我更没脸活了！"说罢也自杀了。古冶子面对两兄弟的尸体，良心大受谴责。捶胸顿足道："我们仨情同手足，既然他俩已死，若只有我还活着，这是不仁；我用言语羞辱兄弟而吹嘘自己，这是不义；虽厌恶自己的行为却不赴死，这是不勇。假如我与他俩共享金桃而非独吞，那将不会出现悲剧。"说完，他扔掉桃子，也拔剑自杀了。晏婴和齐景公心中窃喜，庆幸终于如愿除去了三个棘手的隐患。

其实，无论是现实世界还是在网络空间，"借刀杀人"都是极其常用的计谋。粗略来说，几乎所有的黑客行为都是某种程度上的"借刀杀人"行为，毕竟任何计算机只会进行合规的操作，因此受害者所遭受的任何损失，其实都是受害者自己的计算机的某种合规行为所导致的合规操作结果。换句话说，黑客只是借用了受害者自己的计算机这把"刀"，刺向了受害者自己的信息系统，使其产生了有损受害者自身的负面结果。如果换成下述说法，你也许能更好地理解黑客行为与借刀杀人行为之间的等价性。实际上，黑客的任何攻击行为最多只能在某些特定环境中发挥作用，从来就没有放之四海而皆准的攻击方法。这也意味着只有当黑客的攻击行为能从目标系统中"借到刀"时，它才能"杀人"，否则就可能全然无效，更不可能给目标系统造成什么损失。如果你觉得上述描述太笼统，下面就再列举一些更形象的案例来解释黑客的借刀杀人之法。

首先，计算机病毒是黑客的常用撒手锏，而病毒的最大特点之一就是其寄生性。或者说，在通常情况下，计算机病毒都会寄生到其他正常程序或数据中，然后在此基础上利用一定的媒介开始传播。在宿主计算机的实际运行过程中，一旦满足某种既定条件，病毒就会被激活，甚至会随着程序的运行而不断修改和运行宿主计算机中的相关文件和数据，并对计算机的主人造成损害。但是，只有当计算机病毒被植入合适的宿主后，这些病毒才能生存，才能传播，才能隐身，才能发挥其既定的破坏作用。或者说，才能"借到刀"，才能"杀人"。比如，哪怕是最先进的计算机病毒，当它只是被植入落后的计算机中时，病毒将不能"借到刀"，更无法"杀人"，甚至不能生存。所以，颇具讽刺意味的是：越是古老的计算机或手机，越能抵抗最先进的病毒攻击。难怪许多保密场所的手机都是老古董。

其次，随着人工智能的不断发展，难免会出现一些非恶意的安全事故。其中的某些事故就完全有可能催生出恶意的借刀杀人新手法，甚至可能是极其简单而后果却非常严重的"杀人"新方法。比如，有这样一个真实案例：在一条空旷的高速公路上，某款自动驾驶电动汽车竟莫名其妙地与前方一辆厢式货车追尾了。事后，无论从现场监控录像，还是从汽车内部的操控系统，或是从后台的数据库系统等方面来看，始终找不到任何问题，一切都很正常。后来，终于有人偶然发现了症结所在且其原因简直难以置信，原来被追尾厢式货车后面的外板上喷绘了一幅足以乱真的蓝天白云彩画，于是，自动驾驶电动汽车就认为厢式货车只是天空中飘浮的一朵白云，自然也就没有减速。想想看，这是一种多么危险的借刀杀人之法呀，黑客只需要在目标车辆后面的外板上贴一幅画，就可能将受害者送上西天。

接着介绍另一个非常奇葩的借刀杀人真实案例：某国的铀浓缩离心机与世隔离，本来不可能遭受外部黑客的任何攻击，但是其莫名其妙地被毁了。历经多年深入调查，终于有人在一定程度复盘了当年的攻击过程。不过由于该过程太复杂且涉密，此处不打算详述。但其中一个扮演关键角色的借刀杀人思路足以让人震惊。原来，黑客只是调低了离心机仪表盘的显示数据。于是，为了让离心机转速达到正常值，操作人员便严格按照规程不断进行手动增速。如此反复几次后，离心机终因转速过高而自毁了。换句话说，黑客只是借操作员之手，活活将离心机累死了！更恐怖的是，这种"借刀"思路几乎能杀死任何工控系统。

最后，再介绍一类日常生活中经常出现且将越来越普遍的借刀杀人之计——舆情引导。此时施计者通过网络手段，怂恿他人充当自己

"杀人"的那把"刀",让不明真相的网民掀起惊涛骇浪的舆情。从负面看,如果敌方巧用舆情引导,他们将能把小事变大,让大事爆炸。从正面看,如果我方巧用舆情引导,就能把大事化小,把小事化了,避免不必要的误会。

同样是为了避免不必要的误会,下面我们只从正面来介绍舆情引导。所谓舆情引导,就是指传播者通过对有关信息的组织、选择、解释、加工和制作来引导公众的主观意向,进而影响舆情走向。舆情引导一般涉及三方,包括舆情博弈的双方和舆论的受施对象,后者通常为普通网民。只要运用得当,舆情引导就可以将舆情引向有利(或有害)于舆情博弈中的任何一方。因此,舆情引导的目的就是要尽可能多地争取受施对象,让他们接受并广泛宣传我方观点,从而使我方取得舆情博弈的优势地位。

舆情引导之所以重要,其原因主要有如下三种:

一是因为如今的自媒体已经相当发达,无论好事还是坏事,只要是爆炸性新闻,都能很快引起巨大反响,产生惊人影响力。适当的舆情引导既可以延缓舆情的发酵,也可以促进舆情更猛烈的爆炸。

二是因为舆情博弈的任何一方,若想将自己的意志变为普通网民的共识和行动,就必须对社会热点进行引导、解惑和监测,以便及时发现问题,及时引导和解决问题。毕竟从宏观上看,舆情对社会有着强劲的影响力,甚至能指挥网民的言行;从微观上看,舆情对大众心理会产生很大影响,甚至影响其世界观。

三是因为舆情博弈错综复杂,舆情是典型的双刃剑,我方若不加以正确引导,网民就很可能被对方引入歧途。舆情涉及每个人工作和生活的许多方面,并对所有人的信念、态度和情绪等产生持久而深远的影响。舆情既有理智成分,也有非理智成分。适当引导舆情,既可以给自己贴金，也可以给对方添堵。

舆情引导的作用巨大，甚至在某些方面它既能超过法律的强制力，也能超过道德的约束力。舆情引导的作用，主要通过如下三种功能表现出来：

一是倡导功能。舆情引导能将我方观点正面传递给受众，起到"放大镜"和"扩音器"的作用，甚至让我方大幅度"涨粉"。

二是抑制功能。舆情引导可以抑制对方观点，通过揭露和批评等方法，打造对方的负面形象，消除对方既有观点的影响，甚至让对方大幅度"掉粉"。

三是协调和沟通功能。舆情引导者当然希望自己的思想能获得广泛认同和传播，希望对自己有利的事情能得到普遍认可。同样，被引导者也希望自己的心声得到引导者的认真倾听。如果在舆情的引导过程中，引导者和被引导者的观点能形成正反馈并最终逐渐达成共识，那么舆情引导将在博弈中进入良性循环。

舆情引导不是简单地输出信息或喊口号，必须注重方式和方法，否则将事与愿违，甚至适得其反。比如，对政府部门来说，不能因为自己拥有官方媒体的背景就麻痹大意，就以为自己一定能引导舆情。实际上，若想有效引导舆情，即使政府部门也必须讲究如下策略：

一是建立新闻发言人制度，促进政府信息及时公开，保障公民的知情权和监督权。其实，新闻发言人制度可以及时化解公共危机，可以对外宣传自己的观点、政策和动向，可以避免出现马后炮的被动局面。

二是随时注意引导公众态度，了解公众诉求，尽可能与公众保持一致。不能平时不烧香，急来抱佛脚。更不能言而无信，否则就会失去舆情引导的根基。

三是建立新闻发布会制度，定期或不定期地直接向社会发布重大消息，隆重邀请各种媒体记者参会，回答记者提出的任何问题，消除相关猜测和负面舆情。

四是及时邀请相关专家和领导就大众关心的热点问题给出权威回答，及时澄清相关事实，消除相关误解，表明官方态度和立场等。

总之，舆情引导非常关键，必须足够重视，特别是及时发现舆情新动向，不能只是被动地应对社会舆情，更不能被对方的舆情所引导，被对方借刀杀人。

# 第 4 计

# 以逸待劳

困敌之势，不以战；损刚益柔。

以逸待劳之计的原意非常清楚，意指作战时自己先不出击，而是养精蓄锐，待到时机成熟时，再以饱满的气势对付远道而来的疲惫之敌。可惜，此计很难生搬硬套到网络世界，毕竟在黑客对抗中几乎没有"远"和"近"的空间概念，也没有"劳"和"逸"的人文概念，至少这些概念不能决定攻防的胜败。不过，若仔细挖掘以逸待劳之计的核心要点，不难发现其中的"劳"与"逸"在黑客攻防活动中更像是"动"和"静"。因此，网络安全中的以逸待劳之计也许可陈述为"以静待动之计"，即积极准备，伺机待发或伺机而动。如此一来，此计在网络世界中的应用就非常普遍了，下面介绍几个较直观的案例。

逻辑炸弹很像是物理世界中的定时炸弹，只不过此时的引爆条件不再只是"定时"那么简单，而是某种特定的逻辑条件。此时的"爆炸"也不再限于传统含义，而是指各种可能的破坏行为，比如，扰乱计算机程序，致使数据丢失，摧毁磁盘，甚至瘫痪整个系统，造成物理损坏的虚假现象等。实际上，逻辑炸弹只是一种特定的计算机程序，它们事先已被有意或无意，善意或恶意地植入了计算机。平时，逻辑炸弹都处于休眠状态（相当于以逸待劳之计中的"逸"），所以很难被发现，更难被清除；一旦时机成熟，它们便突然"爆炸"（相当于以逸待劳之计中的"劳"）。这里的"时机"便是预设的各种逻辑条件，比如，预定的时间，预定的软硬件环境，预定的计算机运行状态，或预定的指令，等等。

更恐怖的是，逻辑炸弹的引爆条件既可设置为"出现了某种情况"，更可设置为"没出现某种情况"。关于后一种逻辑炸弹，就有这样一个真实案例：某程序员因担心被突然"炒鱿鱼"，就在公司计算机中设置了一个自行研制的逻辑炸弹。该炸弹被引爆的逻辑条件是：该程序员的上班打卡记录连续缺失两个月。该炸弹的"爆炸"后果是公司数据库被彻底删除。可人算不如天算，某天，该程序员在上班途中遭遇了车祸，不得不住院半年。起初，公司对他还很优待，不但主动报销住院和医疗费用，还照常给他发工资。但两个月后，该程序员预埋的逻辑炸弹被引爆，数据库被毁，公司损失惨重，不得不宣布破产。于是，该程序员自作自受，不但失了业，还得承担随后的医疗费用，更逃不掉法律的制裁。

设置逻辑炸弹并非都是出自恶意，也可能出自善意。比如，为了防止火箭失控造成误伤，经常都会在火箭控制系统中预设某种逻辑炸弹。若火箭升空后出现跑偏等异常情况，逻辑炸弹就会被引爆，致使火箭在空中自毁，以确保地面安全。不过，无论善意或恶意的逻辑炸弹，它们都有可能因逻辑条件被意外满足而提前引爆，这也是网络对抗中攻防双方需要争夺的另一个战术点。

逻辑炸弹很像地雷，埋在哪里它就老老实实藏在哪里，安心休眠，伺机爆炸，决不主动移位，更不会像病毒那样四处传染。对于如何将逻辑炸弹埋入目标系统，那就只能八仙过海各显神通了。比如，设备或软件出厂时就已被预置，用户自行安装，间谍施计偷偷植入，或借助其他高科技手段远程植入等。

从以逸待劳的行为上看，与逻辑炸弹很相似的另一种"以静待动"的黑客武器名叫木马，或木马病毒。它的名称和原理都来源于古希腊特洛伊战争中的那个著名的木马故事。木马是一种典型的恶意代码，其引爆方式和爆炸后果都类似于逻辑炸弹，只是木马具有更加灵活的植入方式。特别是，木马能以病毒方式自我复制和广泛传染，向其他计算机主动植入更多或更新的木马。

具体来说，木马是偷偷寄居在被感染计算机中的一种非授权远程控制程序，平时它静若处子，战时则动若脱兔。它可以在黑客的远程操作下，里应外合地悄悄获取系统的权限和用户口令，修改或删除数据资料，泄露用户信息，监控运行情况，或执行其他眼花缭乱的破坏性操作，甚至还能主动寻找系统漏洞，为随后的进一步攻击做准备。当木马处于休眠状态时，它看起来人畜无害，很容易被粗心用户忽略；可它一旦被激活，就会突然发起攻击。

完整的木马程序一般由两部分组成，一部分位于受害者的服务器端，另一部分位于黑客自己的控制器端。因此，一方面，黑客只需操作身边的控制器，便能通过网络随心所欲地控制受害者的计算机；另一方面，木马的引爆少不了服务器与控制器之间的通信，这也是木马和逻辑炸弹之间的另一个区别。

木马为什么能实施以逸待劳或"以静待动"之计呢？因为它具有很好的隐蔽性和欺骗性。比如，木马经常将自己伪装成合法的应用程序，让用户难以识别；它可以长期保持不动，让杀毒工具无计可施；可以采用相关技术（比如定制端口等）提高隐蔽性；可以在作恶后自我清除，从而销毁作案现场，提高欺骗性；可以自我复制，以备份形式蔓延到整个目标系统中，即使其中某个备份不幸被杀毒软件删除，它也能马上恢复，并起死回生。

若想顺利实施以逸待劳之计，木马就得首先潜入目标系统。除了像逻辑炸弹那样的被动植入之外，木马还有若干种主动植入方式。包括但不限于，当你下载其他程序时，木马可能趁机潜入你的计算机，这也是为什么建议大家别轻易下载不明 App 的原因；当你的计算机本身就存在漏洞（比如未及时打补丁）时，木马可能利用该漏洞自己潜入你的计算机；当你点击了某些含有木马的恶意链接后，其中的木马就会顺势侵入你的计算机；黑客也可能通过远程操作，强行给你的计算机注入木马；等等。此外，黑客还可以通过多种欺骗手段，引诱或逼迫你进行某些看似无害的操作。比如，将木马程序伪装成色情图片，引诱你点击；将木马捆绑到某些安装程序中，让你在无意中将木马下载到自己的计算机中；让木马适时变形（比如木马更名等），让受害者多次上当；故意在你的屏幕上制造一些虚假的错误信息，逼迫你点击预设的有害目标，从而将木马植入你的计算机。

在以逸待劳方面表现得最好的木马之一，当数一种名叫蠕虫的病毒。实际上，蠕虫的运行流程可分为漏洞扫描、攻击、传染、现场处理四个阶段。具体来说，首先蠕虫程序随机（或在某种倾向性的策略指引下）选取某个网段，并对该网段的所有主机进行地毯式扫描。当扫描到带有漏洞的计算机后，便将蠕虫传染给它。然后，蠕虫在被感染的计算机中执行预定的隐藏或攻击任务。同时，蠕虫还会生成多个副本，并以当前的计算机为基地，重复上述流程，发现并攻击更多的计算机。因此，从结构上看，蠕虫程序主要由三部分组成。第一部分负责蠕虫的传播，它由扫描、攻击和复制等三个模块组成。其中，扫描模块负责探测网上带有漏洞的主机，攻击模块则负责漏洞的利用，复制模块将蠕虫复制到新的目标主机中。第二部分负责隐藏，使侵入主机后的蠕虫难以被发现。第三部分负责完成预定功能，比如实现对受害者的控制、监视或破坏等。

在以逸待劳方面，蠕虫的优势主要有五个方面：

一是有较强的独立性，因为它本身就是一段完整程序，无须依赖宿主程序就能独立实施攻击。

二是它能主动发现并利用各种漏洞，包括操作系统漏洞、浏览器漏洞、服务器漏洞和数据库漏洞等。

三是它具有更快更广的传染力，不仅能感染本地计算机，还能远程感染其他服务器和客户端，甚至只需短短几小时就能传遍全球。其感染途径也是千奇百怪，比如共享文件夹、电子邮件、恶意网页等。

四是能更好地伪装和隐藏自己。

五是具有更强的反跟踪能力，作案后可以轻松逃掉。

总之，以逸待劳的蠕虫较难对付。


上面介绍的逻辑炸弹、木马和蠕虫等都是恶意代码的特例，而常说的恶意代码才是网络安全中更宽泛的以逸待劳技术。顾名思义，所谓恶意代码就是故意编制或设置的产生恶意行为的计算机程序。这里的恶意行为，既包括病毒行为，也包括那些侵犯用户合法权益的行为。恶意代码通常都是在用户未知或未授权的情况下，被悄悄下载到用户计算机中的可执行软件，然后它们就待在那里以逸待劳，只等时机成熟，便开始从事既定的恶意活动。恶意代码之所以层出不穷，主要原因有两个：

第一，复杂系统的漏洞不可避免。长期的统计结果表明，大约有一半的网络安全问题都源于软件工程中出现的安全漏洞，其中许多漏洞又归因于操作系统本身的脆弱性或网络系统的脆弱性。这些脆弱性为恶意代码的植入、隐藏和破坏活动创造了条件，也使得恶意代码的防范工作更加困难。

第二，利益驱使。由于网络应用越来越普及，恶意行为能带来的好处也越来越多，这就促使黑客以更大的热情，编制、植入和操纵更多功能更强的恶意代码。反过来，更强的恶意代码，又会给黑客带来更多利益。如此一来，恶意代码和黑客收入之间就形成了正反馈，以致恶意代码的发展已形成了如下趋势：

一是恶意代码的种类越来越多，它们的传播已不再单纯依赖于软件漏洞或操作失误，也可能是两者的某种组合。比如，某些蠕虫能产生寄生的文件病毒、特洛伊木马、口令窃取程序和系统后门等，这就进一步模糊了恶意代码之间的区别。

二是恶意代码的传播模式越来越复杂，特别是出现了许多混合模式，它们不但能利用软件漏洞，还能以多种病毒模式发动混合攻击，让防御工作更加困难。

三是出现了跨平台攻击，以致某些恶意代码能够兼容多种操作系统，能在许多平台上按需发动更加难以对付的恶意攻击。

四是恶意代码与社会工程学结合得更加紧密。比如，许多恶意代码已在网上公开低价出售，这不但会培养更多黑客，还会让恶意代码侵入更多系统，进而造成更大损失。此外，更多的恶意代码已被嵌入钓鱼诱饵中，或被植入木马中，或被预装到新设备和新器件中，让受害者更加防不胜防。

五是恶意代码的破坏性越来越大。不但能攻击服务器，还能攻击客户机；不但能攻击计算机操作系统，还能攻击手机操作系统；不但能攻击用户数据，还能攻击系统代码。攻击的驱动力也越来越多样化，有的是受好奇心驱使，有的是受经济利益驱使，还有的是受犯罪动机驱使，等等。

恶意代码的攻击机制虽然千差万别，但其攻击过程大同小异，若按时间顺序来看，基本上可以分为如下六步：

一是提前侵入目标系统，这是恶意代码发挥作用的前提。恶意代码的侵入方式也是千奇百怪，比如，从网上下载程序时，恶意代码乘机而入；拷贝不良文件时，恶意代码被无意安装；黑客使用社会工程学等手段，悄悄植入恶意代码等。

二是维持或提升现有操作权限，使恶意代码获取从事恶意活动所必需的操作权限，同时又不能搞出太大动静，否则就会被发现，就不能以逸待劳，甚至会被及时删除。

三是悄悄地隐蔽在目标系统中等待时机。为此，恶意代码可能会做些小动作，比如，修改自己的文件名，删除源文件，甚至修改目标系统中对自己不利的那些安全策略，以便更好地隐藏自己的踪迹。

四是潜伏并创造攻击条件，等待某些逻辑条件的出现。

五是开始作恶，比如，盗取数据，破坏可用性、完整性和可控性等。

六是针对新的目标系统，再次重复上述五个步骤的攻击过程。

恶意代码的防范技术主要有四种：

一是恶意代码分析技术。它可以通过分析恶意代码的静态特征和功能模块来找到恶意代码的特征字符串和特征代码等，甚至得到恶意代码的流程图，从而找到应对办法。它还可以在恶意代码运行时，实施跟踪和观察，确定其工作过程和语义特征等，进而找到应对办法。

二是误用检测技术。它既可以对计算机进行脱机扫描，也可以对所有出入数据扫描，还可以对运行过程中的内存代码扫描。所有这些扫描的目的只有一个，那就是发现恶意代码的特征字，然后找出与之相匹配的应对策略。

三是权限控制技术。由于恶意代码只有在运行时才能作恶，同时也只有在获得相应权限后，其作恶才能成功，因此若能对所有操作权限进行严格控制，比如只赋予所有操作最小的权限，只在必要时刻赋予权限，那么恶意代码的作恶机会将受到大幅限制，其作恶行为也可能被及时制止。

四是完整性保护技术。恶意代码的作恶过程也是一种破坏完整性的过程，若能及时发现并制止任何操作对完整性的破坏，恶意代码的作恶空间也会大受挤压。

此外，对抗恶意代码的其他技术还有网络隔离、防火墙和病毒查杀等技术，它们都能在一定程度上阻止恶意代码的以逸待劳。

第5计

# 趁火打劫

敌之害大，就势取利。刚决柔也。

趁火打劫的表面意思就是趁人家失火时前去抢劫，比喻乘人之危谋取私利，或趁紧张危急的时候侵犯别人的权益。此计的兵法含义是指敌方发生严重危机而穷于应付或自顾不暇时，赶紧利用该可乘之机，向敌人发起突然袭击。

作为一种兵法思想，趁火打劫之计早在春秋时期就已广泛运用。此计的早期著名故事可能当数勾践灭吴。原来，春秋之际，吴越不和。公元前494年，吴王打败越国，迫使越王勾践向吴求和并被当作人质软禁于吴。从此，勾践不但老老实实为吴王当马夫，还亲尝吴王粪便，以助其治病。勾践的长期表现终于赢得吴王信任，并于公元前491年被放回越国。勾践回国后，卧薪尝胆，立志报仇雪耻。一方面鼓励生产，另一方面暗中训练兵马。经过十多年的苦心经营，越国逐渐强大。与此相反，吴国连年遭灾，百姓怨声载道，形势大乱。更巧的是，此时吴王刚好带着精锐部队出国了，只留下一些老弱残兵。勾践见时机成熟，赶紧趁火打劫，亲率大军攻打吴国，不费吹灰之力就取得胜利。

但作为一个成语，"趁火打劫"的原型故事直到明清时期才出现。实际上，该成语出自《西游记》中的"祸起观音院"典故。讲的是唐僧师徒路过一个观音院时，该院的金池长老看上了观音菩萨送给唐僧的那件防火袈裟，意欲施计夺之。于是，长老请求唐僧将袈裟暂借予他欣赏一天，然后在当晚就派弟子点燃寺庙，试图烧死唐僧师徒，名正言顺地占有那件防火袈裟。可哪知大火却莫名其妙地失控了，甚至连金池长老本人也被烧死。幸好，悟空及时请来神仙帮忙，才保住了唐僧的小命。但非常奇怪的是，那件防火袈裟仍然不翼而飞了。后来，经过一番斗智斗勇，悟空终于找到真凶，夺回了袈裟。原来，观音院附近的一个黑熊怪也看上了这件袈裟，于是它便施展法术让大火失控，名副其实地实施了趁火打劫之计，偷走了袈裟。由于《西游记》流传很广，该典故也就很快演化成了"趁火打劫"这个成语。


　　在网络攻防对抗中，最直观的趁火打劫案例当数每天都在全球上演的舆情大战，特别是基于自媒体的舆情大战。其中，许多舆情出自相关网民的真实想法，但更主要的舆情其实归因于暗地里有组织的黑客行为。他们不惜造谣生事，掌控节奏，一方面千方百计扩大自己的声音，甚至雇佣大批"水军"，或启用大量的机器"水军"呐喊助阵；另一方面不择手段地打压对方的发声渠道，甚至查封对方账号，毁坏对方网络，或制造其他爆炸性新闻以转移大众的视线等。

　　目前，国际舆论场上正被趁火打劫的当事者肯定要数俄罗斯和乌克兰。虽然俄乌冲突还未结束，但西方阵营对俄罗斯的趁火打劫就已非常热闹了。你看，刚开战不久，视频分享网站优兔就立即禁止俄罗斯主要官媒向欧洲发布信息，脸书和照片墙也采取了类似的措施。紧接着，推特就宣布将为来自俄罗斯政府的帖子打上特殊标签，以便网民识别。微软公司也宣布不再展示俄罗斯官方的产品和广告，并在其应用商店中下架了俄罗斯的相关 App。苹果公司暂停在俄罗斯销售手机并限制了苹果支付功能，今日俄罗斯和卫星通讯社的 App 甚至也从苹果应用商店中被删除。总之，全球最大的社交和应用市场平台都对俄罗斯关闭了大门，使俄罗斯的主要官方媒体在西方国家中基本成了哑巴。

　　与俄罗斯处境相反的是，乌克兰的舆情信息却能在全球各大自媒体平台上畅通无阻地传播，其中许多消息带有明显的倾向性。到目前为止，在西方国家的舆论场上，俄罗斯基本上已被彻底孤立，已成为众人唾骂的反面典型。即使在非洲、亚洲和南美洲的非西方盟友国家中，那些对俄罗斯有利的舆情也受到了不同程度的打压。此外，俄罗斯的既有舆情平台更是受到黑客攻击，以致俄罗斯国家电视台、俄罗斯中央银行网站和全俄国家广播电视公司的网站都曾一度瘫痪，俄罗斯官方报纸《俄罗斯报》的网站也大受影响。其实，过去若干年以来，针对俄罗斯的舆情打劫就从未停止过。一旦俄罗斯"起火"，舆情打劫的效果将成倍提升。据不完全统计，自2005年以来，俄罗斯官方网站每年都会遭到上百万次攻击，其中针对俄罗斯总统普京本人的攻击更是高达数十万次。特别是在2007年3月2日，黑客对俄罗斯官方门户网站发动了长达12小时的连续攻击，内务部、应急部、对外情报总局等部门无一幸免。2009年9月9日，俄罗斯联邦航天署的网站被攻击，数据库受损。2010年8月23日，俄罗斯联邦警卫局网站被黑，大批机密文件被曝光。

利用舆情施展趁火打劫的技巧很多，其中比较有代表性的技术有如下三种：

一是让大量"中立人士"亲临现场制造看似真相的假新闻，比如，曾经有人通过摆拍照片来构陷叙利亚，咬定它使用化学武器，结果导致叙利亚被北约轰炸。

二是邀请带倾向性的智囊和专家展开"专业点评"，为趁火打劫造势，争取更多的同情者。当然，此举也有风险，可能导致相关"专家"名誉扫地，被受众嘲笑为"叼盘小狗"。

三是充分发挥娱乐界的作用，通过相关影视作品来长期潜移默化地影响受众，通过平时的"养兵千日"，在趁火打劫的关键时刻"用兵一时"。至于那些全球性的新闻机构，它们更是舆情大战中趁火打劫的主力军。

基于舆情操控的趁火打劫效果如何呢？哇，效果之好，出人意料！

比如，2009年6月12日，伊朗时任总统内贾德宣布自己在大选中获胜并将连任下届总统。此事立即引发全国"大火"，改革派纷纷走上街头，抗议当局在大选中的舞弊行为。于是，趁火打劫者们闪电登场，互联网也秒变为反对派传递信息、发泄不满和争取全球同情的重要渠道。各种黑客技术或明或暗地迅速亮相：一方面，网上出现了许多专用黑客软件，供全球网民免费下载，使自媒体信息的传播更加便捷，比如，翻墙软件"自由门"及时增加了波斯语服务；另一方面，伊朗的大批官方网站被黑客攻击而瘫痪，政府几乎沦为哑巴。博客、推特、脸书和优兔等自媒体昼夜不停地向全球实况转播伊朗首都的抗议活动，不但引来国际上的更多趁火打劫者，还助长了国内反对派的气焰，让抗议活动火速升级。反过来，国内抗议活动的升级，又让全球趁火打劫者闹得更欢。总之，在信息网络的支持下，通过境内外反对派和趁火打劫者之间的彼此互动，最终引发了自 1979 年伊斯兰革命以来伊朗最大规模的骚乱，史称"伊朗绿色革命"。

借助舆情趁火打劫的另一个经典案例，当数著名的"阿拉伯之春"。原来，自 2010 年年底起，多个阿拉伯国家相继爆发了以反腐为导火索的大规模反政府运动，先后波及埃及、也门、突尼斯、利比亚和叙利亚等国，最终导致多个政权被颠覆，萨利赫等元首下台，特别是本·阿里被逐，穆巴拉克被囚，卡扎菲被杀等。此次运动的影响之深，范围之广，爆发之突然，来势之凶猛足以震惊全球。不过，在这些运动中，舆情操控者的趁火打劫套路也基本类似。比如，控制全球主流媒体平台的话语权，努力将政府描述为"刽子手"，将民众的抗议活动肯定为"自发革命"，给政府的同情者贴上"阴谋论"标签，把反政府者塑造为"英雄"，最后再极力推波助澜，圆满完成趁火打劫任务。客观来说，这些受冲击的国家当然有其自身的问题，否则趁火打劫者就无"火"可"趁"了。其实，趁火打劫者之所以能得逞，主要是因为先有内乱之"火"，然后才有可乘之机。

基于网络舆情的趁火打劫案例远不止上述几例。实际上，从媒体网络诞生的那天起，基于舆情操控和心理战的趁火打劫之计就已被普遍应用，尤其是心理战正在成为网络对抗和传统战争等各类博弈中的趁火打劫典范。

所谓心理战，其实就是运用心理学原理和方法，通过伪装欺骗、渗透分化、心理威慑、感情伤害、暗示诱导等手段，从认知、情感和意志等方面去影响对方的心理，转变对方的态度，直至改变对方的行为。心理战并不伤害对方的身体，只是瞄准对方的心理，特别是决策者的心理，使对方要么产生错觉，要么心生恐惧，要么思乡怀亲，要么士气不振，甚至不战而降，等等。

心理战以信息媒介为武器，攻防双方均可使用，强者弱者都不该忽略，在战争或网络对抗的整个过程中都能发挥作用，且适用于所有相关人员。心理战既能以己之长攻敌之短，又能出其不意攻其不备，还能诱使对方麻痹大意，更能向对方施加精神压力，形成心理负担，涣散其斗志及凝聚力等。心理战正在成为可以独立达成战略战术目标的一种作战新样式，其方法更加隐蔽多样，组织实施更加专业，对抗程度更加激烈。刘邦的"四面楚歌"及诸葛亮的"七擒七纵"等，均是心理战的"攻心为上，攻城为下；心战为上，兵战为下"的成功战例。

随着社会信息化的飞速发展，特别是随着自媒体的全面普及，心理战的方法已更加丰富，手段更加先进，效果更加显著，地位更加突出，对全局和进程的影响更加巨大，已被广泛运用于政治、经济、文化和外交等领域。尤其需要指出的是，心理战已越来越明显地表现出了如下四个特性：

一是非强制性。心理战与传统战争不同，它只是以潜移默化的手段去影响目标。但心理打击可以与强制性的武力打击相融合，或以武力打击为后盾实施心理打击，或通过心理打击来强化和拓展武力打击的效果。在网络对抗中，心理战的非强制性特性表现得更突出，其威力一点也不亚于强制性打击。

二是对象多元性。心理战的作战对象非常丰富，既可以为友方鼓劲，也可以让对方泄气；既可以针对个体，也可以针对群体；既可以针对决策层，也可以针对普通民众；既可以影响博弈双方，也可以影响任何第三方，让他们为我所用，收到拔人之城、夺人之心、不战而屈人之兵的奇效。

三是时空广泛性。心理战随时都可以进行，没有平时或战时之分。只是平时的作战目标更宽泛，战时的作战目标更聚焦而已。平时可以围绕我方的战略意图和实战需要，开展心理战训练和演习，提高心理战防御能力，为战时实施心理战创造条件。平时在宣传上应该主动进攻，掌握施加心理影响的主动权，重点破坏对方决策者的心理平衡，摧毁其意志。平时还需充分了解对方的强项和弱点，以便有针对性地设计出有效的心理影响措施，使这些措施能与敌方的思想文化水平、宗教信仰、风俗习惯、语言风格等相适应。特别是在网络对抗中，心理战的平时功夫更重要，否则在关键时刻就会处于完全被动的局面。即使在战时，心理战也会贯穿战前、战中和战后全过程，覆盖前方、后方、友方和敌方等各群体。

四是手段的特殊性。心理战虽然不以硬杀伤为基本手段，但是在信息时代，心理战可以通过移动通信、信息传媒和智能化等技术，采取直接或间接的方式，借助公开或隐蔽的渠道，向对方发起全领域、全天候、全方位的信息轰炸，从而影响和改变相关各方的心理及行为。心理战以攻为主，攻防并举。在巩固己方心理防线的同时，综合运用各种手段，抢占先机，连续进攻，深入渗透，不断突破对方心理防线。在实施心理战时，需要综合运用多种力量，充分发挥现代传媒、电子信息作战平台和特种作战手段的作用，强化整体作战效能。

目前，世界各国对信息时代的心理战都十分重视，同时大力加强相关研究，已对心理战的基本特征和规律有了充分认识和了解。总之，无论在网络对抗还是在传统战争中，心理战都是攻与防的辩证统一，既应积极研究攻击战法，磨砺心灵之剑；又应深入探索防御之策，筑牢心理堤坝。既不被对方趁火打劫，也能在必要时趁火打劫对方。

## 第6计

# 声东击西

敌志乱萃，不虞，坤下兑上之象。利其不自主而取之。

此计的原意是，表面声称要攻击东边，实际却攻击西边。"声东"只是手段，"击西"才是目的。比如，东汉末年，朱隽的汉军在宛城围住了黄巾军，却久攻不下。于是，朱隽决定声东击西。他站在附近的山顶观察城内军情，先是击鼓传令，佯攻东南门，黄巾军果然中计，赶紧倾巢出动前往增援。可哪知，朱隽本人却亲率5000名精兵突袭西北门，一举拿下城池，取得最终胜利。

若想顺利声东击西，其前提是"声东"之举未留下任何破绽，否则就可能前功尽弃，被对方将计就计。比如，西汉景帝时期，七位诸侯王叛乱。面对众多强敌，周亚夫只好固守城池，拒不应战。为尽早攻破城池，熟读兵书的吴王也想到了声东击西。可哪知，火眼金睛的周亚夫却发现了吴王"声东"的破绽。于是，当吴王自鸣得意地向东北门发动猛攻时，周亚夫却下令在西南门布下天罗地网。稍后，吴王的伏兵果然前来偷袭，结果却被早有准备的周亚夫一网打尽。

综合上述正反两个实例不难发现，声东击西之计绝不能生搬硬套到信息对抗的场景中，毕竟在网络中没有"东"或"西"等直观概念，它们也许该替换为"彼"和"此"等概念。即"声彼击此"，声称自己是在干这件事情，实际上却是在干另外一件事情；声称某物是这种东西，实际上它却是另一种东西；让某条信息看起来像是这样的，实际上它是那样的等。反正，此计意在极力用假象迷惑对方，极力伪装真实意图，用灵活机动的行为转移对方注意力，使其产生错觉，以期出奇制胜。

在传统兵法中，声东击西是一步险棋，施用时必须慎之又慎。若想发挥此计的最大作用，施计者应该结合其他手段，忽东忽西或忽进忽退。比如，不攻而示之以攻，欲攻而示之以守；形似必然而不然，形似不然而又必然；似可为而不为，似不可为而偏要为之；等等。总之，其核心思想就是要让对手顺情而得出错误推理，我方却能因势而用计，出其不意地夺取胜利。

在网络信息对抗中，声东击西之计的使用率非常高，其变种也千奇百怪，甚至已成为网络安全的基本思路之一。这也许是因为信息的伪装更容易，伪装的渠道更丰富。即使被对方怀疑，他们也很难挖出真相。即使施计失败，也不会增加太多的额外损失，况且还可以多计同施，层层保护。另外，在某些网络场景下，由于条件所限，攻防双方确实已无计可施，只好硬着头皮声东击西了。

在信息对抗中，姜子牙发明的"阴符"也许是我国最早的声东击西技术。实际上从表面上看，所谓阴符只是一堆平淡无奇的筷子。战争期间，前线不断送回这些筷子，后方据此了解敌情并采取相应措施。伙计，千万别小看了阴符，因为前线送回的这些看似筷子的东西，其实不是筷子而是重要军情，其奥妙变幻无穷。比如，筷子长度为一尺（1尺≈333毫米）时，就意指"大胜克敌"；长九寸（1寸≈33毫米），意指"破军擒将"；长八寸，意指"降城得邑"；长七寸，意指"敌军败退"；长六寸，意指"士众坚守"；长五寸，意指"请求增援"；长四寸，意指"败军亡将"；长三寸，意指"失利亡士"等。从理论上说，阴符长度的含义，可由通信双方事先任意约定。

阴符的发明过程非常传奇。据说，有一次，姜子牙的大营被叛军包围，情况危急。姜子牙赶紧派信使突围，回朝搬兵，但他既怕信使遗忘机密，又怕周文王不认识信使，耽误军务大事，于是他就将自己珍爱的鱼竿折成数节，每节长短不一，各代表一件军务，令信使牢记，不得外传。信使几经周折回到朝中，周文王令左右将几节鱼竿合在一起，亲自检验，果然那鱼竿是姜太公的心爱之物。于是周文王亲率大军救援，让姜子牙及时脱险。劫后余生的姜子牙，拿着那几节折断的鱼竿，突然妙思如泉涌，便将鱼竿传信的办法加以改进，发明了阴符。

后来，姜子牙又根据阴符的原理发明了另一种也可声东击西的"阴书"。它其实是将一封竖写的密信，横截成 3 段；然后，分别委派 3 人各执一段，于不同时间、不同路线分别出发，先后送达收件者。表面上看，每人传送的东西都没啥含义，但当收件者获得所有 3 段残片后，只需重新拼接，便能知悉密信的全部内容。万一某位信使被截，敌方也只能看到一份残缺不全的文件，很难知悉全部内容。若你喜欢谍报电影的话，你将不难发现，以阴书和阴符以及它们的变形为代表的声东击西之术，基本上已成为特务最常用的间谍工具。比如，窗台上放盆花就代表"危险，身份已暴露！"等。甚至许多人首次相亲时，也会事先约定某些看似合情合理，实则代表"我在这里"的衣着打扮及信物等。此外，诸如藏头诗、谜语、黑话等暗语，也是大家司空见惯的信息隐藏术，也可用于声东击西。

如今，在信息安全领域已有很多专门为信息隐藏而设计的数字技术，行话叫隐写术，它们都可用于声东击西。比如，只需通过字距或行距间的肉眼无法觉察的微调，就能在一部《红楼梦》的文本文件中隐藏一份机密情报。只需通过预定的数据插入，就能在一首听起来与原唱一般无二的歌曲中隐藏另一段保密语音或文本文件。只需采用适当的像素替换等处理方法，就能在一张完全看不出破绽的飞机照片中隐藏一只猫、一段话或一篇文章等。更一般地，只需对视频数据进行巧妙的帧处理，就能在一段正常的电视节目中隐藏许多其他内容，比如，其他的一段视频、一张机密地图、一段录音或一篇涉密文件等。

在某些情况下，上述文本、图片、音频和视频的隐写术，将会变得几乎不可替代。比如，设想这样的常见情景：某间谍已窃得一份重要情报，他想在早已被严密监控的环境中将该情报安全传回总部。如果他使用惯常的加密方法，即使他的密码强度很高以至监控者根本不可能破译，他也仍然无法完成任务。实际上，监控者只需采用简单的白名单法则就能让加密手段无计可施，即只要是读不懂的信息（信息被加密后都会变成读不懂的乱码），监控者就一律将其销毁。但是，如果该间谍改用隐写术，他就可以先将那份机密情报变成一张世界地图照片，然后在监控者的眼皮底下，名正言顺地将该照片发回总部，毕竟监控者看到的只是一张毫无问题的正常世界地图。当该照片传回总部后，那份机密情报便可从中轻松恢复出来。当然，有时为了更加保险起见，间谍可以先将机密情报加密成乱码，然后再用隐写术将该乱码藏入世界地图中，顺利蒙混过关。不过，此时对隐写术有一个特殊要求，用行话来说就叫"隐藏容量"，即在确保载体变形不可觉察的前提下，要将尽可能多的机密信息藏入载体中。

除上述保密传输外，隐写术的用途至少还有如下五类：

一是数字版权保护。实际上，隐写术已成为数字版权保护的主流技术。比如，你拍摄了一张精美照片，为防止他人非法盗图，你可采用隐写术，在不影响照片视觉效果的情况下，将自己的版权信息嵌入其中。随后，若有人盗用了该照片，你便可在法庭上当众从被盗照片中恢复出你的版权，维护你的权益。若将版权信息替换为身份信息，比如"我是谁谁谁"，那么隐写术就解决了身份认证问题。若将版权信息替换为行为信息，比如"我干过某某事"，那么隐写术就解决了行为认证问题。若将版权信息替换为载体拥有者的名字，那么隐写术就解决了数字签名问题等。当然，在用于数字版权保护时，针对相应的隐写术也有一种名叫"自恢复性"的要求。形象地说，此时要求隐写后的载体能像全息照片那样，从该照片的任意碎块中都能看到原来的完整图像，只不过其清晰度有所降低而已。

二是完整性保护。此时要求隐写后的载体满足"易损性"，它与前述的"自恢复性"完全相反，即哪怕只是对隐写后的载体进行微小修改，比如，从中切掉一块，或增加一块，或将某些信息块的顺序进行调整，或上述变化的某些组合等，那么曾经被隐藏的信息将会彻底消失。于是，载体拥有者便可先将某种标示完整性的信息藏入载体中，待到需要验证其完整性时，再来检测曾经的标志是否存在。如果存在，载体就未遭受任何修改，其完整性也得到了保证；如果标示消失了，也就意味着载体的完整性被破坏了。

三是叠像术。从外观上看，叠像术非常奇妙，它由两张透明胶片组成。每张胶片上都显示着一幅由黑白像素点绘制而成的图像，这些图像可以是小猫或小狗等任何公开图像。但是，当你把这两张胶片精准重叠后，一幅既定的机密图像就会突然呈现出来。若论声东击西的隐身功能，叠像术可能是高手中的高手，因为从理论上看，任何黑客，无论他有多大本事，只要他没能截获全部胶片，他就绝不可能知道机密图像的任何信息。但当所有胶片都通过各自的安全渠道到达目的地后，收信者只需将这些胶片轻轻重叠，机密图像便清晰可见了。当然，如果愿意的话，叠像术所用的透明胶片可以是3张、4张或任意多张，只是胶片数量越多，其精准重叠就越难，但其安全性也就越高。

四是潜信道。此时要求隐写术具有良好的不可感知性，也就是说，当机要信息被藏入载体后，无论对载体进行何种检测，无论使用何种先进的算法和设备都不能检测到其中隐藏的信息。这当然就相当于载体中存在着不为人知的暗道，让机要信息可以在其中安全传递。

五是数字水印。数字水印与版权保护所用的隐写术既有相同之处，比如都需要将水印信息嵌入载体，且水印信息既可以是公开的，也可以是隐蔽的；同时也有相异之处，比如水印载体必须具有很强的稳健性，无论是数／模转换，还是有损压缩，或是剪切、位移、变形、再取样、再量化和低通滤波等处理手段都不能抹去已被嵌入的水印。在特殊情况下，还可对数字水印提出其他要求，比如良好的不可感知性、较大的隐藏容量、灵活的自恢复性和必要的易损性等。

当然，有矛就有盾，有攻就有守。针对上述隐写术，目前网络安全界已研制出多种检测手段，行话叫隐写分析，它们能在一定条件下检测出看似正常的照片、音频或视频等数字内容中的异常情况，甚至可以恢复出被隐藏的信息。如何将机密信息以尽可能安全的方法隐入正常内容呢？如何从看似正常的数字内容中检测出隐藏的机密呢？这些都是隐写术研究的国际前沿课题。

其实，早在计算机诞生前，间谍就已开始使用原理相似的其他隐写术了。比如，用牛奶当墨水，将机密情报写在正常信件的空白处。即使此信被意外截获，对方也找不到任何破绽。但当该信件送到既定接收者后，他只需将空白处烤热，原来写在此处的机密情报便可清晰显示。

最后，作为本计的结束，我们介绍一个颇具文艺风格的趣味声东击西案例。首先请你认真阅读某对男女之间的如下对话：

女：你真的爱我吗？

男：当然，苍天作证！

女：我会失望吗？

男：不，绝对不会！

女：你会尊重我吗？

男：绝对会！

女：你不会说话不算数吧？

男：不要太疑神疑鬼了！

怎么样，看出其中的声东击西猫腻了吗？看出何为"东"，何为"西"了吗？如果还没看出，你也可以再看几次。其实，当你按正常顺序阅读时，你会读出一对热恋情侣的海誓山盟。但是，当你调整顺序，将该对话"从下往上"逐句阅读时，你会发现，其实这对男女正在吵架，"秦香莲"正在痛斥"陈世美"。

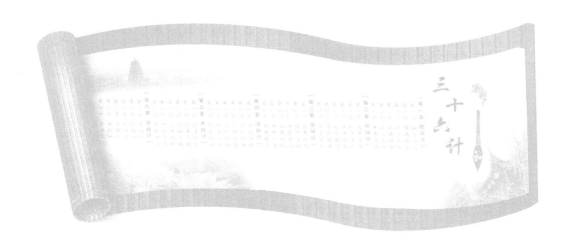

|第二套|

# 敌 战 计

这是一套攻防各方处于势均力敌状态时的计谋。在传统战争中，"势均力敌"是一个较直观的概念，容易判断，特别是在知己知彼的情况下就更容易给出正确答案。比如，敌我双方若在人力、物力、财力和军力等方面都有较大悬殊，那他们肯定不算势均力敌。但在网络安全对抗中，"势均力敌"的判断就没那么容易了，毕竟，也许一个黑客就能单挑整个国家，一台破旧的计算机就能让先进的网络系统瘫痪，花很少代价就能给对方造成巨额损失等。更具讽刺意味的是，功能强大的先进系统有时更不安全，陈旧落后的信息设备有时更能承受黑客的强力攻击。比如，若只限网络信息战的话，美国甚至可能打不过最贫穷的非洲部落，因为后者连计算机都没有，更不怕什么网络攻击了。

为了将传统的兵法思想更好地融入网络对抗之中，此处有必要简述一下信息战的特点。首先，彼此对抗的各方是没有身体接触的，甚至都无须见面，各方使用的武器都是信息，对抗过程其实就是特定信息的收发过程，各方对抗的目的也是控制别人的信息系统。其次，网络对抗是一个典型的赛博过程（详见拙作《博弈系统论——黑客行为预测与管理》，简称《博弈系统论》），即每个完整的攻击或防御过程均由若干相对独立的子过程串接而成，其中每个子过程都有相应的子目标。若某个子过程的结果与预期子目标相差太大，则相应的攻（或防）过程就算失败。如果某个子过程的结果与预期子目标相差不大，那在随后的子过程中将做适当微调，以便不断缩小差距。形象地说，在各方的攻防过程中，如果一方能使另一方的任何一个子过程失败，他就在本轮对抗中获胜了。但是，各方的胜败次数并不能作为他们是否势均力敌的量化标准，毕竟每次胜败所产生的最终杀伤力也许相差十万八千里。

不过，非常有趣的是，虽然在对抗之前很难判断双方是否势均力敌，但拙作《安全通论》却证明了一个意外结果——安全对抗的纳什均衡定理。其大意是说，无论有多少个攻防方，无论各方的目的是什么，最终都一定存在一个纳什均衡状态，它使得各方都能达到利益最大化。这里的"纳什均衡状态"是攻防各方的一种状态，此时各方的最佳攻防策略是静止不动，否则，谁若乱动谁就会自作自受，就会得不偿失。更形象地说，在网络世界里，虽然攻防各方在开始对抗前确实很难预判他们是否势均力敌，但是攻防的最佳结果是各方达到某种形式的"势均力敌"，即纳什均衡状态。因此，从理论上看，攻防各方的最佳策略不是以往直观印象中的"将对方搞死"，而是"把对方逼进纳什均衡状态"。类似的情况在市场经济中也经常出现，比如，商品价格既不是越高越好，也不是越低越好，而是有一只看不见的手，它能将价格调整到最佳的纳什均衡状态，使得买卖各方的利益都最大化。同样，在网络安全的对抗中也有一只看不见的手，它可以将网络安全的整体状态调整到纳什均衡状态。

在网络攻防大战中，如何才能将对方逼进纳什均衡状态呢？这可是一个至今未能解决的难题，但愿有人能借助传统兵法思想来推进该难题的解决，反正目前只知道纳什均衡状态确实存在。不过，非常奇怪的是，纳什均衡状态有时会意外地自行出现，比如，二战后超级大国之间的核武器竞争就意外地将各方逼进了纳什均衡状态，以至如今核大国之间的最佳策略早已是"不用核武器"，否则就会同归于尽。此外，在某些特殊情况下，也可采用零成本方法，轻松达到纳什均衡状态，比如，古代各国之间交换质子的策略便是典型的例子。

特别提醒，网络对抗的目标虽为纳什均衡状态，但我们平时还是应该积极备战。

第7计

# 无中生有

　　诳也，非诳也，实其所诳也。少阴、太阴、太阳。

作为一个成语，无中生有源自老子《道德经》第四章中的"天下万物生于有，有生于无"。当然，老子的"有生于无"只是一个哲学论断，若根据现代科学的"物质不灭定律"或"质能守恒定律"，物质和能量虽可以按照爱因斯坦的质能方程相互转换，但那绝不意味着"有生于无"，最多只能说在适当条件下，或许看不见摸不着的能量可以转化为物质。不过，在宇宙中确实有一种东西是可以无中生有的，它就是网络对抗中的那个头号主角，对，就是信息！更准确地说，信息还是宇宙中唯一可以无中生有的东西，毕竟宇宙是由物质、能量和信息三者组成的，而前两者物质和能量却都不能无中生有。因此，从某种意义上说，无中生有之计几乎是为网络攻防量身定制的，只不过它早在几千年前，早在网络诞生前就被古人灵活应用于实体战争，其内容还被不断丰富完善，以至成为"三十六计"的重要内容之一。

信息为什么能无中生有呢？这主要是因为它具有如下九个特点：

特点之一，信息具有可开发性，甚至它可作为一种取之不尽、用之不竭的资源。比如，假若你朝思暮想的女朋友已有好几天没给你任何信息了，于是你只需稍微动脑筋开发一下，便可得到一个惊天信息：天啦，莫非她已变心或遇到了大麻烦。你看，有时候"没有信息"本身就是一条信息，甚至还是重大信息。更一般地说，如今网络攻防中常用的大数据挖掘过程，其实就是典型的产生信息的无中生有过程。通过大数据挖掘，黑客可以轻松发现你的许多隐私，虽然这些隐私你从来没告诉过任何人。大数据挖掘甚至能够无中生有地产生当前压根儿就不存在的信息，比如，预测即将发生的疫情或世界杯的比赛结果等。史上被信息的可开发性坑得最惨的人，可能当数南宋抗金名将岳飞，他竟活生生地被秦桧等无中生有开发出来的"莫须有"之罪给害死了。

特点之二，信息具有可传递性。信息可以通过多种媒介，在人与人、人与物、物与物之间轻松传递。实际上，可传递性是信息的核心要素，也是信息最明显的特征之一。甚至可以说，没有传递就没有信息。同样，信息传递的速度在很大程度上决定了信息的效用。比如，若不考虑其历史效用的话，在战场上传递得太慢且早已过时的信息，基本上就属于无用信息。

特点之三，信息具有可共享性。同一条信息，可在同一时间，被多个人共同使用，还能无限复制，无限传递。可共享性也是信息区别于物质和能量的主要特点，毕竟物质和能量都不能共享。比如，一个苹果若被张三吃了，它就不可能再被李四吃；同样，一度电若被电视机用了后，它就不能再被计算机使用；黑板上的一个公告能被许多人同时或先后阅读，虽然每个人都获得了相关信息，但黑板上的那份公告无任何变化，所含信息对新读者来说更不会减少。

特点之四，信息具有普遍性。有事物的地方，就必然存在信息，所以信息在自然界和人类社会是广泛存在的。信息存在于尚未确定的（有变数的）事物之中，已确定的事物则不含信息。这里"已确定的事物"，意指事物没有发生意外变化，其存在是确定的，并且也是预先知道的。因此，从信息论角度看，重复的叙述，不会提供任何信息；但从心理学角度看，重复的叙述有时也会产生信息，比如，谣言重复千遍后，就可能无中生有地变成"真理"。这里"尚未确定的事情"，意指存在着某种变数，有多种可能状态，而且预先不知道（或不全知道）究竟会出现哪种状态。事物存在的可能状态越多，就越不确定，对其变化就越难掌握，于是，事物一旦从不确定变为确定，我们就可获得越多的信息；相反，某事物如果基本确定，甚至已经确定，那么它包含的信息就很少，甚至没有信息。比如，关于明天中国男足的比赛结果，就可能有输、赢、平三种可能性。这就是尚未确定的事物，它具有不确定性。一旦比赛结束，尘埃落定后，人们就会获得一些信息。特别是作为"常败将军"的中国男足如果突然赢了，该结果的信息量就更大；如果他们一如既往地输了，那么其信息量就很小，因为这早就在大家的预料之中。

特点之五，信息具有动态性。信息会随着事物的变化而变化，这就为其无中生有奠定了基础。信息的内容、形式、容量也会随时改变。这是因为，客观事物是不断运动变化的，存在着多种可能状态；因而作为标志事物运动形式的信息，也就会随之不断产生和流通，并按新陈代谢的规律，涌现新信息，淘汰过时信息。

特点之六，信息具有时效性。事前的预测和事中的及时反馈，都能对决策产生直接影响，从而改变事物的发展方向。信息的使用价值，会随时间的流逝而衰减；信息越及时，其价值就越大；反之，过时的信息就没什么价值了。这是因为，信息作为一种宝贵资源，它能为决策提供依据。获取信息是为了利用信息，而只有及时的信息，才可能被利用。信息的价值在于及时传递给更多需求者，所以信息必须具有新内容、新知识。"新"和"快"是信息的重要特征。事物发展变化的速度，决定了相关信息的有效期和价值衰减速度。事物发展变化越快，相应信息的有效期就越短，价值衰减也越厉害。比如，股票信息的有效期一般会非常短，几秒钟后就会过时，就会被淘汰，就会变得不值一钱。

特点之七，信息具有知识性。借助信息，便能获得相关知识，消除认知缺陷，由不知转化为知，由知之甚少转化为知之较多。为啥信息具有此特性呢？因为信息可以表示事物属性、特征和内容的联系，信息是关于事物状态的表述，它虽依赖于具体事物，但又不是具体事物本身，而是事物固有含义的表示，或者说是关于事物运动状态的一种形式。因此，我们可以独立于具体事物来获取和利用信息。这样，人们获得信息的同时，也就获得了关于事物的知识。虽然信息不等于知识，但是信息中包含着知识。所以，信息的知识性也是不可忽略的。若想获得知识，就得重视信息。当然，知识中也包含大量信息，所以不但可从知识中获取信息，也可从信息中获取知识。

特点之八，信息具有客观性。由于事物的存在和变化不以人的意志为转移，反映这种存在和变化的信息，同样也是客观的，也不随人的主观意志而改变。如果人为篡改信息，信息就会失去其价值，甚至不再是"信息"了。对信息的最基本要求，就是要符合客观实际，即准确性。若没有事实，没有准确性，就不会有相应的信息；甚至基于错误信息所做的决策，也会是错误决策。

特点之九，信息具有可识别性。它既可以直接识别，也可以间接识别。前者是指通过人的感官的识别，后者是指通过各种测试手段的识别。信息识别包括对信息的获取、整理、认知等。要想利用信息，就必须先识别信息。

作为一种计谋，无中生有意指用天衣无缝的假象去迷惑对方，同时掩盖自己的真实意图。此计的核心是信息欺骗，将本来没有的东西硬说成是有的，一种高水平的看起来不是欺骗的欺骗，一种能让受骗者信以为真的欺骗，一种最终能转化为欺诈的欺骗。若要使此计得逞，施计者必须巧妙地在真假之间不断变换，不能一假到底，否则就容易露馅。施计者还必须虚实结合，时虚时实，抓住对方已被迷惑之机，突然以"实"击之，实现出奇制胜的目标。待到对方清醒过来发觉上当时，已为时晚矣，只能追悔莫及了。

总之，若想成功地无中生有，施计者必须真真假假，虚虚实实，真中有假，假中含真，虚实互换，真假掺杂，让对方判断失误，行动出错，留下可乘之机。比如，为了更具迷惑性，施计者通常可以采取下面三步：

第一步，示敌以假，让对方误以为真；

第二步，故意让对手发现破绽，使其掉以轻心；

第三步，突然变假为真，但仍让对方误以为假。

如此反复，对方就很容易被搞糊涂，施计者便可掌握主动权。当然，如果对方生性多疑，行事谨慎，无中生有之计就可能更有效。

在今天的网络对抗中，最直观的无中生有计谋可能当数造谣了。甚至有人认为，谣言将成为未来信息战的最致命武器。难怪在最近的俄乌冲突中，各种谣言始终层出不穷，有的是很容易被识破的低水平谣言，有的是只把真话讲一半的高水平谣言，有的是以辟谣方式制造的谣言，有的是"专家"精心策划的谣言，有的是经官方背书的权威谣言，有的是希望网民被频繁洗脑后坚信不疑的谣言，等等。既然谣言的威力如此巨大，谣言研究自然也就成了网络安全的重点课题之一。比如，拙作《安全通论》就专门花费了整整一章，利用最先进的系统动力学方法，详细研究了谣言的传播规律和整治策略等。不过，限于篇幅此处只是点到为止。

史上有这样一个著名的无中生有故事。据说，在唐朝安史之乱期间，忠于唐皇的唐将张巡被数万叛军团团围困于孤城雍丘。城内守军不但人数有限，更要命的是城中箭矢越来越少，根本来不及赶造，眼见城池危在旦夕。这时，张巡决定仿照诸葛亮再来一次草船借箭，再来一次无中生有。于是，他急命军士搜集秸草，扎成千余草人。当晚，唐军给这些草人披上黑衣，并将它们用绳索慢慢地从城墙上吊下。夜幕中，叛军以为张巡又要乘夜出兵偷袭，赶紧下令万箭齐发，箭如飞蝗。一夜之间，张巡轻松获箭矢数十万支。

如果故事到此结束，那就还不够精彩。原来，待到天明后，叛军首领发现自己中计，气急败坏，后悔不迭。第二天夜晚，张巡又从城上偷偷往下吊放草人。叛军见状，哈哈大笑，自然不再射箭。张巡见对方已被麻痹，于是就假戏真做，迅速吊下五百名勇士。随后，在夜幕的掩护下，勇士们迅速潜入敌营，打得叛军措手不及，丢盔弃甲。这时，张巡也趁机大开城门，率全城兵士猛扑上去。叛军损兵折将，大败而逃。张巡也因巧用无中生有之计而保住了城池。

即使在今天俄乌冲突中，张巡之计仍然有效，只不过草人变成了真真假假的飞机和导弹等武器而已。比如，一方常让多架无人机同时发起攻击。如果对方全都拦截，其中毫不值钱的无人机将大量消耗对方的精锐战斗力；如果对方只是有选择性地拦截，就很难确保万无一失，其中的真导弹可能带来毁灭性打击。

大家最熟悉的无中生有攻击，可能当数每天都在发生的电信诈骗。此时施计者将以看似合法的身份和手段，通过电话、网络和短信等捏造虚假信息，设置骗局，对受害人实施非接触式的远程诈骗。据有关机构统计，目前国内出现最多的电信诈骗主要有三种：

一是冒充社保、医保、银行和电信等工作人员，以欠费、扣费、消费确认、信息泄露、案件调查、系统升级、验资证明等为借口，以提供所谓的安全账户等为手段，引诱受害人将资金汇入施计者指定的账户。

二是冒充公检法或邮政人员，以递送法院传票和涉嫌邮包毒品等为借口，以传唤、逮捕、冻结存款等为恐吓手段，逼迫受害人向指定的账户汇款。

三是以销售廉价机票、车票或违禁品为诱饵，利用当事者贪图便宜的心理或好奇心理，引诱受害人就范，自愿预交订金等子虚乌有的款项。

此外，电信诈骗的方式至少还有诸如冒充熟人、通知中大奖、提供无抵押低息贷款、发布虚假广告、假装高薪招聘、虚构退税、验证银行卡消费、冒充黑社会敲诈、虚构绑架或车祸等。反正骗子无中生有的骗术实在太多，不过你只需记住千万别与他谈钱就行了。

第 8 计

# 暗度陈仓

示之以动，利其静而有主，益动而巽。

此计的全称为"明修栈道,暗度陈仓",比喻明里做的和暗里做的不是一回事。明里做的"明修栈道"是假的,意在吸引对方注意力,迷惑对手;暗里做的"暗度陈仓"才是真的,才是最终想要达到的目的。此计的特点在于,将最终的真实意图隐藏在合情合理的虚假行动背后,通过迂回进攻来出奇制胜。简要来说,此计通过正面活动来迷惑对手,而暗地里却展开其他活动,以便出其不意。

此计出自秦朝末年的一个真实故事。话说公元前206年夏天,韩信和刘邦率大军悄悄离开南郑开始东征。韩信首先命令樊哙带一万人马前去重修早已被毁的300余里栈道,限他在三个月内完工,以便东征大军随后通行。可沿途地势险恶,高低不平,有的地方必须架桥,有的地方还得开山。十几天下来,新修的栈道只有区区一小截。期限短,口粮少,压力大,士兵们怨声载道,甚至连樊哙也公开吐槽说:这么庞大的工程,就算是动用十倍的人马修一年,也没法完工呀!士兵们一听,怨气就更大了,干活也就更没劲了。

又过了几天,上级派来一批工头和民夫前来增援,同时责怪樊哙监工不力,口出怨言,勒令他立即返回南郑,等待"处分"。新工头果然更加凶狠,天天督促大家运木料,送粮草,吵吵嚷嚷,闹得鸡飞狗跳。结果,栈道工程刚开始,本该严格保密的行动就变得天下皆知了,刘邦要兴兵东征的消息更是传到了关中。

驻守关中的秦军猛将章邯,赶紧一面派探子打听栈道修建进展,一面调兵遣将准备拦截刘邦的东征部队。很快,章邯就如释重负。原来,各方探子均回报说,汉军的大将是曾经钻过别人裤裆的韩信,将士们对这位韩信都不服气,不听他指挥。特别是修栈道的逃兵越来越多,别说是三个月,就是一年半载也难以完工,就算是汉军长了翅膀也难以飞入关中。刘邦叫嚷的"东征",很可能只是虚张声势而已。不过,谨小慎微的章邯仍派重兵死死守住栈道东口,以防万一,而且还每天派人专门打听汉军动静。尽管如此，章邯依然中计了。一天，章邯突然收到急报说："汉军已越过栈道，夺取了陈仓，目前正飞速袭来！"原来，韩信的主力根本没经过新修的栈道，而是在砍柴老乡的指点下，绕小道直接突袭了陈仓。

此处的暗度陈仓与第六计声东击西既有相似之处，也有区别。相似之处在于，两者都是虚张声势，制造假象来迷惑敌人以便采取真实行动。主要区别在于，暗度陈仓是同时采取真伪两个行动。其中，表面上的那个行动看起来无大害，暗地里的那个行动才是重点。声东击西则是只采取一个打击行动，却有真伪两个目标，意在分散敌方兵力。如果混淆了这两个计谋的作用和操作方法，就会招致灾祸。比如，当年姜维就错将暗度陈仓弄成了声东击西，而他的声东击西又被邓艾识破，结果邓艾带头裹上牛皮，冒死滚下摩天悬崖，抢先攻入成都，灭了蜀国。

在网络安全领域，"明修栈道，暗度陈仓"的案例数不胜数。有些是以民用的"明修栈道"来实施军用的"暗度陈仓"，比如，民用的"星链"卫星网络就在俄乌冲突中发挥了重要的军事作用。有些是以善意的"明修栈道"来实施恶意的"暗度陈仓"，比如，某些高级的复印机或传真机中就藏有间谍设备，它们在正常工作时，会将所处理的文件内容扫描后悄悄发送给预先指定的特殊机构或个人，实现其窃密目的。有些是以有意的"明修栈道"来实施无意的"暗度陈仓"，实际上，几乎所有的信息系统都能在一定程度上，在特殊的情况下被黑客用于"暗度陈仓"。毕竟，所有信息系统都是多功能的，甚至还有若干尚未被发现的新功能，它们都能被用于"暗度陈仓"。此外，同样的功能也可以被用作多种目的，比如，许多网络设备都必须具有远程检测功能，否则其维护成本将大幅增加，而该功能显然也可用于作恶，用于黑客的远程攻击等。

　　网络中第一种比较直观的暗度陈仓技术，可能当数所谓的"后门"技术。它是网络系统中的一种特殊隐蔽方法，用于绕过既定的安全防范措施，达到黑客的攻击目的。比如，通过"后门"技术来躲过计算机、芯片和产品等设备中的既有身份验证或加密过程，获得计算机的远程访问权、加密系统的明文阅读权、数据库文件删改权或网络信息传输权等。后门可以再细分为软件后门、硬件后门和固件后门等，其中最为常见的是软件后门，它能绕过软件的安全性控制，从隐秘的通道取得对程序或系统的相关权限。软件后门的形式也是多种多样，既可能是程序的隐藏部分，也可能是一个单独的程序，还可能是某个固件中的代码，又可能是操作系统的一部分等。

　　由于各种后门不可避免，暗度陈仓便成了网络攻防的一种基本手段。比如，在软硬件开发过程中，有时为了方便修改和测试系统的缺陷，通常会有意设置某些后门。一旦这些后门被黑客恶意利用，就可能带来隐患。在软硬件产品发布前，有时也会封闭这些后门以免威胁信息系统的安全，但有时也会刻意保留某些后门以利今后的软硬件升级等。此外，所有人造系统都难免出现失误，其中某些失误可能就会形成系统漏洞。一旦这些漏洞被黑客发现，它们就可能成为发动攻击的后门。比如，著名的"密码破解后门"就是黑客常用的最早的后门之一，它不仅能获得对 UNIX 的访问权，还可以通过它来破解相关密码，特别是破解用户的弱口令，让黑客顺利进入用户系统，执行非法操作。即使管理员查封了黑客的当前账号，他也可以卷土重来。实际上，黑客只需再次找到另一个口令薄弱的未使用账号，然后重置口令，就可以以新的"合法"身份发起新的攻击。

网络中第二种比较直观的暗度陈仓技术，名叫旁路攻击。这里的"旁路"意指被传统攻击所忽略了的很隐蔽的攻击途径。比如，在密码破译过程中，设法绕过对加密算法的烦琐分析，利用密码芯片的运算过程中泄露的信息（如执行时间、功耗、电磁辐射等），再结合统计理论来实现密码的快速破解。

目前最常用的旁路攻击主要有如下四种：

一是缓存攻击，通过掌控缓存的访问权而获取一些敏感信息，例如，通过掌控云端主机或物理主机的访问权而获取存储器的访问权。

二是计时攻击，通过设备运算的时长来推断所使用的运算操作或存储设备等。

三是功耗监控攻击，通过监控硬件单元的功耗情况来推断数据输出的位置。

四是电磁攻击，通过分析设备运算时的电磁辐射来解析其中的信息等。

与后门情形类似，所有物理器件的旁路信息泄露也是不可避免的，所以任何物理设备都有可能遭到旁路攻击的暗度陈仓。实际上，旁路攻击的重点打击对象主要包括电子器件、密码算法和信息产品等。


网络中第三种比较直观的暗度陈仓技术，叫中间人攻击。这种攻击的一个形象类比是：假设买卖双方想在桌下悄悄摸手讨价还价，这时一个黑客潜入桌下，他用左手与买方讨价，同时又用右手与卖方还价。只要黑客的手势未露破绽，他就能操纵买卖双方的谈判，既不被发现又从中谋利。这种攻击的更规范描述是：假设甲乙双方正在通信，这时黑客切断了甲乙间的通信线路，然后开始搭线窃听。当甲向乙发出信息 A 后，黑客就假冒乙来接收信息 A；然后，黑客将信息 A 替换为自己想发给乙的信息 B，接着又假冒甲把信息 B 发给乙，于是乙就误以为信息 B 来自甲。反过来，当乙向甲回复信息 C 时，黑客又假冒甲来接收信息 C；然后黑客将信息 C 替换为自己想发给甲的信息 D，接着又假冒乙把信息 D 发给甲，于是甲就误以为信息 D 来自乙。总之，经过一个回合后，甲与乙都以为他们在正常通信，实际上他们是在倾听黑客的自言自语，同时黑客还截获了他们的正常信息。

可见，黑客作为中间人，他所发动的上述攻击，其实是对甲乙间会话的劫持，或者说他操纵了甲乙间的对话。只要黑客的应对不露破绽，甲乙双方就很难发现自己早已被暗度陈仓。只要黑客的引导足够巧妙，他就能从甲和乙那里获得所需信息，比如甲乙双方的账号和口令等；黑客还能向甲乙双方发送错误信息或共享恶意链接，甚至导致甲乙双方的系统崩溃，或为其他网络攻击埋下伏笔。

在中间人攻击中，相关各方既可以是人，也可以是设备。比如，黑客经常会在公共场所创建假冒 Wi-Fi 热点来充当中间人，让该Wi-Fi 以免费方式吸引周边网民随意接入。一旦某人接入了这个 Wi-Fi，黑客就可以轻松骗取其账户和口令，接着就能访问他的相关系统，甚至盗取其银行存款等。

中间人攻击的后果主要体现在如下三个方面：

一是将受害者引导到虚假网站。在中间人攻击中，当黑客更改 IP地址中的数据包头时，他就能实施 IP 地址欺骗；当黑客侵入域名服务器并更改网站的域名记录时，他就能实施域名欺骗。无论在哪种情况下，黑客都能将受害者引入事先设置的虚假网站，然后在那里关门打"狗"，尽情捕获猎物信息，而且还让受害者全无感觉，直到最终造成重大损失。

二是变更他人数据的传输路径。在中间人攻击中，当黑客将其媒体存取控制地址连接到合法用户的 IP 地址时，他就能重新路由通信目的地，从而接收合法用户 IP 地址的任何数据。如果此时的数据刚好未被加密，信息泄露便不可避免。

三是劫持安全套接层。在中间人攻击中，黑客可以伪造验证身份所需的密钥，然后建立一个看似合法且安全的会话，进而控制这个对话。黑客也可以针对安全套接层中的某些漏洞，在受害设备中植入恶意软件，让它拦截相关敏感数据。黑客还可以将安全的超文本传输协议链接转换为不安全链接，进而从会话中删除加密操作，获取会话期间所有通信的明文信息。

中间人攻击的防范策略，主要有如下五个：

一是注意连接点的安全。特别是在公共场所，不要轻易连接那些来路不明的 Wi-Fi 热点。即使迫不得已需要连接，也不要在此登录自己的系统，更不要输入账号和口令等敏感信息，除非你使用了加密功能。

二是随时警惕网络钓鱼。钓鱼网站是中间人攻击的另一个常见入口，必须对它有足够的警惕。特别是在不够安全的场景中，最好要老老实实输入需要访问的网址，而不是只图省事，直接点击看似无害的链接。毕竟黑客的钓鱼网址经常也是看似无害的，实则早已嵌入了恶意代码。

三是始终通过安全的超文本传输协议来验证站点的合法性和安全性，以此确保所访问的网站具有足够的安全性，同时确保所共享的敏感信息不会被泄露。一旦完成任务后，就应尽早退出安全会话，以减少黑客闯入的风险。

四是按正常步骤登录，既不省略任何必要的操作，也不增加任何可疑的动作。若有任何异常现象，应该首先想到是否是黑客攻击。比如，某个账号若突然在半夜三更异常活跃，就该立即关注，一旦确认为黑客攻击，就要及时制止。

　　五是尽可能使用多因素身份验证，有效防止中间人攻击。实际上，即使黑客获得了用户名和口令的组合，面对多因素身份验证，黑客也会因为缺乏足够的一次性验证信息而无法登录。

# 第9计

# 隔岸观火

阳乖序乱，阴以待逆。暴戾恣睢，其势自毙。
顺以动豫，豫顺以动。

从字面上看，隔岸观火，意指站在对岸观望别人家的火灾。比喻对别人的急难不加救助，只是看热闹。此计的重点是坐观敌人内部的恶变，我方不急于采取攻逼手段，而是顺其变化，坐山观虎斗，最后让敌人自相残杀，实力逐渐衰落，时机成熟后再坐收其利，一石二鸟。当然，敌方内部没有"火"时，我方也可巧妙地烧它几把火，在确保自身安全（隔岸）的前提下，引发敌方内乱。有时"火"离自己太近时，也不妨主动退一步，退出"隔岸"的安全距离。若想此计成功，"观火"的准确度是关键。若将"小火"误观成"大火"，则可能引火烧身，让自己过早地陷入被动局面；若将"大火"误观成"小火"，则可能贻误战机，追悔莫及；若误判了"着火"地点，计谋将彻底失效。

最著名的隔岸观火典故之一，可能要数司马炎借火灭吴的故事。三国末期，司马炎逼迫魏元帝退位后，便准备攻打吴国。他一方面大造战船，训练水师，为灭吴做好了军备工作；另一方面，也严密注视吴国的内部变化，等待天赐良机。

吴国虽然很富，但内部矛盾重重，宫廷斗争之"火"从未间断，只是"火势"还不够大而已。比如，起初孙权立大儿子孙登为太子。孙登死后，孙权又改立孙和为太子，并赐封孙和的同母弟弟孙霸为鲁王。哪知这鲁王不甘心，竟与孙和明争暗斗。后来孙权不得不废掉孙和，赐死鲁王，又改立孙亮为太子。孙权死后，孙亮虽然勉强继承了皇位，但吴国很快就发生了政变，孙和的儿子孙皓被拥为皇帝。可孙皓喜好酒色，不理朝政，致使孙氏家族的内部斗争越来越激烈，政局也越来越不稳定，"火势"越来越大，以致最终失控。

司马炎认真分析了吴国的动荡，认为"火"已够大了，灭吴时机已成熟。于是在公元 279 年，任命杜预为大将军，率水陆大军二十万人、战船数千艘大举伐吴。果然，晋军势如破竹，很快就打进吴国都城，灭了吴国，为"三国"画上了句号。


在隔岸观火方面，网络系统具有天生的压倒性优势，因为网络的最大特长就是信息的收集与处理，就是"观火"，而且还是远程"隔岸"的"观火"。所以，对网络世界的信息强者来说，隔岸观火绝对是他们的撒手锏。

至今已被公开的全球规模最大的网络"观火"行动，当数由美国中央情报局前职员爱德华·斯诺登，于2013年6月向媒体曝光的"棱镜"计划，即美国国家安全局和联邦调查局自2007年开始联合实施的绝密电子监听计划。原来，美国政府的强力机关竟然花费巨资，长期潜伏在微软、雅虎、谷歌、苹果、脸书、PalTalk、优兔、Skype和AOL等9家国际网络巨头公司的中心服务器里，日夜不停地对其中的数据进行挖掘，全面收集各方情报。比如，"棱镜"计划可以对即时通信和数据库资料进行深度监听，其监听对象包括美国以外任何地区的主要客户或任何与国外人士通信的美国公民。通过"棱镜"计划，美国国家安全局可以获得监听对象的电子邮件、即时消息、存储数据、文件传输、视频会议、登录时间、视频和语音交谈、照片等信息，甚至还能实时监控每个人正在进行的网络搜索内容。此外，美国国家安全局还能接触到大量的个人聊天日志、语音通信和个人社交信息等。比如，美国政府曾多次要求威瑞森公司提供数百万私人电话记录，包括电话时长、通话地点、通话双方的号码等。

"棱镜"计划所获得的这些情报在美国的重要决策过程中扮演着关键角色，比如，仅在2012年这一年内，"棱镜"计划所挖掘的数据就被美国最高级的综合情报文件"总统每日简报"使用了1477次，其数量约占美国国家安全局所有报告的1/7。甚至有这样一种说法认为：美国国家安全局的报告越来越依赖"棱镜"计划项目。该项目是其原始材料的主要来源。"棱镜"计划曝光后，全球舆论哗然。保护公民隐私组织予以强烈谴责，表示不管美国政府以何种借口申辩，不管有多少国会议员或政府部门支持监视民众的行为，"棱镜"计划都侵犯了公民的基本权利。

"棱镜门"事件是美国有史以来最大的监控事件，其侵犯的人群之广、程度之深令人咋舌。可美国政府凭什么能实施如此庞大的"棱镜"计划呢？这一方面是因为美国有足够强的技术实力，另一方面也是因为美国充分利用了自己的法律特权。原来，各国就数据保护问题都制定了相应的法律来规范公司行为，比如，规定公司可以保存何种客户数据，这些数据可以保存多久，可以拿这些数据做什么事，等等。更重要的是，大多数公司的隐私政策还包括了一个重要条款，即在收到政府的合法请求时，公司必须与政府共享信息等。此外，美国政府还有一个护身符，那就是所谓的反恐需求，甚至认为反恐高于保护隐私权。难怪时任总统奥巴马在为"棱镜"计划辩护时称：你不能在拥有 100% 安全的情况下，同时拥有 100% 的隐私和 100% 的便利。难怪时任英国外交大臣黑格在接受英国广播公司（BBC）采访时也称：英国的守法公民永远不会知道政府为了阻止你的身份被盗或挫败恐怖袭击所做的一切事情。

诸如"棱镜"计划这样的政府"观火"行为当然还有很多，只是未被披露而已，而且此类"观火"的杀伤力巨大。比如，就在 2023 年 1 月 1 日的新年钟声刚敲响时，俄罗斯的一所职业学院大楼就遭到了乌克兰 6 枚导弹的袭击。虽然其中的 2 枚导弹被成功拦截，但是其他 4 枚导弹仍旧精准地摧毁了刚刚入驻的一个新兵营，造成了俄乌冲突以来俄罗斯最大规模的一次性人员伤亡。

俄罗斯的事后调查表明，乌克兰之所以能对俄军进行如此精准而快速的打击，主要是因为许多新兵的纪律性不强，竟在新年狂欢之际不断给家人打电话贺年，不断在社交媒体上发信息。结果，不但暴露了自己的位置和军人身份，还在仅仅1分钟之后就招来了天降横祸。如果调查报告就此结束，那就只是触及了事件的皮毛。其实，从技术角度看，若仔细分析的话，本次悲剧的原因其实非常恐怖。想想看，本来只是俄罗斯境内的一所普通职业学院，乌克兰凭什么就知道其中突然进驻了一支军队呢？毕竟任何一所学校在新年之夜都会出现群集性的电话或自媒体消息，甚至不排除涉及战争期间的军事消息。若乌克兰胆敢用先进的海马斯导弹袭击学校的话，它肯定会招来全球谴责，而且其经济成本也不合算。本来只是普通电话号码，乌军凭什么就能断定该号码的主人到底是军人还是平民呢？特别是凭什么断定几天前还是平民的某人，在其电话号码未经任何变更之前就已正式入伍了呢？本来只是淹没在海量自媒体信息中的音视频内容，凭什么就能被乌克兰从中迅速挖掘出军事情报呢？若这些情报均来自传统的间谍手段，那就没什么惊奇了。但从此次悲剧的反应速度来看，传统间谍显然无能为力，很可能是乌克兰及其盟友动用了类似于"棱镜"这样的长期性远程"观火"手段。

假如乌克兰确实已对俄罗斯的网络系统进行了全方位的监控，并已动用了先进的大数据挖掘和人工智能分析等技术，那么，只要俄军的新兵入伍通知书是通过网络传递的，或只要新兵通过网络曾向其亲朋好友报告过自己的入伍消息，或新兵的某位亲友在社交媒体上晒出过相关入伍消息等，俄罗斯新兵的手机号码便不难被乌克兰锁定，以备今后用于隔岸观火之计。只要军人的手机信号位置密集地出现在某地，而且此地的平民手机信号很弱，那么此地就很可能是兵营，而且手机号码的数量与军人的数量大致相当。只要在导弹发射后能计算出被打哑的手机信号数，乌克兰就能估计出对方的伤亡人数等。其实，这些分析并非猜测，因为此前俄军已经吃过类似的苦头，只是没有认真吸取教训而已。

从技术角度看，最典型的网络安全隔岸观火技术之一，可能当数安全态势感知，它以资产为核心，通过公开的漏洞信息、恶意域名、代理攻击等信息与资产匹配，然后呈现出目标网络的安全风险状况。它通过对时间和空间环境中大量安全要素的感知，理解其安全意义，预测其安全状态。可见，安全态势感知的三要素分别是：感知，即检测和获取环境中的重要安全线索和元素；理解，整合感知到的安全数据和信息，分析其安全相关性；预测，基于前面的感知和理解，预测相关安全知识的发展趋势，并将该趋势以可视化方式展现出来。

安全态势感知的过程可以分解为四个步骤：

一是安全数据采集，这是态势感知的前提。它通过各种检测工具，对影响目标系统安全的要素进行检测，采集其中的重要数据，为随后的分析获取原始素材。

二是态势理解，这是态势感知的基础。它对采集到的数据进行分类和关联，然后进行融合，并对融合信息进行综合分析，以此摸清整体安全状况。

三是态势评估，这是态势感知的核心。它将从定性和定量两个方面来分析目标网络的当前安全状态，特别是发现薄弱环节，然后给出相应的应对措施。

四是态势预测，这是态势感知的目标。它通过对态势评估输出的数据进行建模分析，预测目标网络安全状况的发展趋势，然后将结果以直观形式表现出来。

一个好的网络安全态势感知系统，应当做到深度和广度兼备，应当能从多层次、多角度、多粒度分析系统的安全性并提出安全措施，然后以图表等可视化形式呈现出相关结果。网络态势感知的结果至少应该包括以下六部分：

一是资产评估，包括目标网络中每个资产的性能利用率、重要性、存在的威胁和脆弱性的数量和安全状况等。

二是威胁评估、脆弱性评估和安全事件评估，分别指出目标网络中"恶意代码和网络入侵"、"漏洞和管理配置脆弱性"以及"安全事件"的类型、数量、分布节点和危害等级等。

三是整体态势评估，综合分析目标网络的安全状态，特别是保密性、完整性和可用性等状态。

四是安全态势预测，对目标网络中未来的威胁、脆弱性、安全事件和整体态势的发展趋势给出合理预测。

五是基于上述结果，给出目标网络的安全加固方案。

六是根据不同需求，生成相应的格式规范、内容翔实、针对性强的安全报表。

一个好的安全态势感知平台，应该满足如下六个条件：

一是良好的可视性。它能通过各种安全数据图表，实时展现目标网络重点环节的运行情况及安全状态，以便安全管理员及时掌握整体状况。

二是良好的可知性。它能最大限度地收集各种安全数据，提供灵活的检索功能，以便安全管理员从海量日志中查找相关安全事件对应的日志数据。

三是良好的可管性。它能实时监测操作系统、安全设备、网络设备、应用程序和数据库的安全配置和安全日志，还能结合安全基线、威胁情报和知识库等，对目标网络进行多维度的安全分析，更能及时处置所发现的漏洞和脆弱性。

四是良好的可控性。它能充分利用大数据分析和机器学习算法，为目标网络建立行为画像，还能基于已知威胁检测和异常行为分析来发现各种恶意代码和某些未知攻击，更能对分析出来的安全事件、异常行为等结果进行实时告警，并通过可视化方式及时通报给相关管理员。

五是良好的可塑性。它能通过威胁情报、规则匹配和大数据分析等技术，追踪溯源某些安全事件，刻画其攻击路径，为随后的处置提供依据。

六是良好的可预警性。它能实时动态地展示目标网络安全状况，给出一定时间内整个目标网络的安全要素，从已知数据推演出将要发生的安全事件，预测安全威胁的发生概率等。

总之，安全态势感知的基础是大数据，它借助数据整合和特征提取等手段，利用一系列态势评估算法生成目标网络的当前整体状况，并预测今后的发展状况。最后以可视化方式将结果展示给管理员，让他能更清晰地隔岸观火，并伺机采取相应措施。

## 第 10 计

# 笑里藏刀

信而安之，阴以图之；备而后动，勿使有变。刚中柔外也。

作为一个成语，笑里藏刀意指脸上挂着笑容，心中却藏着杀人的尖刀；比喻外表貌似善良友好，内心却十分阴险毒辣的两面三刀行为。笑里藏刀与口蜜腹剑几乎是同义词，都为贬义，都用来形容狡诈凶险，内心狠毒，却表面和善。不过，笑里藏刀更偏重脸上的和善，口蜜腹剑更偏重嘴上的和善。

作为一个计谋，笑里藏刀是一种表面诚实友善而暗藏杀机的计谋。在军事上，此计是指巧妙运用政治或外交等非军事手段来伪装自己，以此欺骗麻痹对方，稳住对方，掩盖我方的军事行动，不让敌方有所警觉，然后出其不意，攻其不备。

史上最成功的笑里藏刀施计者之一，当数战国时期的秦国大将公孙鞅。原来，当公孙鞅率兵打到魏国吴城时才发现，作为魏国名将吴起的苦心经营之地，吴城竟然地势险要，工事坚固。正面强攻恐难奏效，必须巧用奇计。

当公孙鞅发现此时的吴城守将竟是自己的故友公子行时，不禁心中大喜，马上修书一封，主动与公子行套近乎。他在信中诚恳地建议道："虽然我俩现在各为其主，但考虑到我们过去的交情，咱们还是彼此罢兵，订立和约吧。"信中的念旧之情，溢于言表，甚至还约定了双方谈判的时间和地点等。信件送出后，公孙鞅立即摆出主动示好的姿态，命令秦军前锋全部撤回。公子行看罢来信，又见秦军退兵，当然高兴，马上回信同意和谈。公孙鞅见对方已入圈套，便在会谈之地悄悄设下埋伏。会谈当天，气氛确实友好，公子行只带了三百名随从，公孙鞅的随从更少且未带兵器，这就让公子行更加相信公孙鞅的诚意。会谈十分融洽，两人重叙了昔日友情，尽情表达了和平诚意。会后，公孙鞅特意安排了宴席，希望隆重款待公子行，庆祝谈判成功。可当公子行毫无戒备入席时，忽听一声号令，伏兵蜂拥而上，公子行与随从措手不及，全部被擒。随后，公孙鞅利用被俘虏的随从，骗开吴城城门，轻松占领了魏国的吴城，成功实施了笑里藏刀之计。

　　在网络对抗中，笑里藏刀之计可以更广泛地理解为表面上看似善意，实际上充满恶意的计谋。此计之所以能在网络世界长盛不衰，主要是它充分利用了受害者的某些人性弱点。比如，贪婪心理，即利用受害者对事物（特别是财富）的占有欲或喜欢贪小便宜的习惯来实施攻击，让受害者相信天上真能掉馅饼，然后引诱他上当受骗。又比如，同情心理，即声称自己或亲友遭灾，急需好心人帮忙，诱发受害者的同情心，然后实施攻击。目前，网上最直观的笑里藏刀，当数如下七类常见的利诱式网络诈骗活动：

　　一是冒充知名企业，通知中奖。冒充某些知名企业，预先设计好精美的虚假中奖通知书，以多种方式广泛发送给潜在的受害者，再以交纳个人所得税等各种借口，诱骗其中的某些爱占小便宜的人向指定银行账号汇款。

　　二是冒充节目组，通知中奖。施计者以热播影视栏目节目组的名义向潜在的受害人手机群发短消息，称其已被抽选为幸运观众并将获得巨额奖品，然后再以预付保证金或个人所得税等借口实施诈骗。

　　三是以兑换积分为名进行诈骗。施计者广泛拨打电话，谎称潜在受害者的手机积分可以兑换精美礼品，诱使受害人点击钓鱼链接。若受害人按其网站中提供的网址输入银行卡号、密码等隐私信息，其银行账户的资金将被瞬间转走。

　　四是二维码扫码诈骗。以加入会员享受特价或奖励等为诱饵，引诱受害人扫描特定二维码，趁机将二维码中附带的木马病毒植入受害者的手机。一旦病毒被激活，其中的木马就会盗取受害人的银行账号和密码等个人隐私信息。

五是以重金和美色为诱饵的求子诈骗。施计者以美女之名谎称愿出重金借精求子，引诱当事人上当，之后再以缴纳诚意金、检查费等为由实施既定诈骗。

六是以高薪招聘为诱饵的诈骗。施计者通过群发信息，以高薪等优惠条件为名招聘某类专业人士，并要求事主到指定地点面试，随后再以缴纳培训费、服装费、保证金等为由实施既定诈骗。

七是电子邮件中奖诈骗。施计者广泛发送中奖邮件，等候潜在的受害人主动前来联系领奖事宜。当事人一旦上钩，施计者就以缴纳个人所得税、公证费等理由要求受害人预先付费。

针对上述各种笑里藏刀的骗术，必须提醒大家，不轻信，不透露，不转账。若有必要，可拨打 110 咨询，发现被骗后立即报警。无论骗子怎么表演，其最终目的都是骗钱。因此在未经核实前，只要记住千万别谈钱就行了。

作为社会工程学的主要计谋之一，笑里藏刀显然不只是被黑客用于远程攻击，其实每个人身边都会或多或少地发生一些职场里的笑里藏刀故事，其中难免存在黑客行为。在被害前，普通人很难识破他人的笑里藏刀，特别是来自身边熟人的笑里藏刀。不过，喜欢施用笑里藏刀之计的人都有如下十大特点：

一是表里不一，内心阴暗。表面很单纯，心里却复杂。表面上温和善良，笑容可掬，实则善于伪装，成天不是套路就是算计，让别人完全猜不透其心思。做人没底线，见钱眼开，见利忘义，喜欢背后害人，甚至连亲友也不放过。当面一套，背后一套，为人阴险，极度自私，完全不顾别人的利益和感受。

二是表面上总是一副热心肠，对谁都好，对谁都赞，活像一个老好人，背地里却喜欢拨弄是非，完全不顾"人前不论是非，人后不道长短"的基本准则。如果他今天以此方式对待别人，明天也许就会如此对待你，甚至可能已开始在背后说你坏话，只不过你暂时还不知道而已。

三是表面上有情有义，实则贪得无厌，从不真心帮助他人。在他眼里只有个人利益。他之所以暂时与你为友，甚至让你觉得很可信、很靠谱、很善良、很仗义，其实是在迷惑你，是想从你身上谋取利益，是想占你便宜，是想利用你。待到你对他再无利用价值时，他将毫不留情地出卖你。面对这种人，即使你为他付出再多，对他再好，他都觉得理所当然。但你若稍有怠慢，他就会毫不犹豫地怨恨你，好像你欠了他多大的债一样。

四是嫉妒心强，见不得别人有喜事。当你稍有所进步，他就会内心不平。特别是当你在某方面超过他时，他就会表面上热情恭喜你，背地里却千方百计诋毁你，甚至希望早日搞垮你。你若与他分享喜讯，他就会认为你是在炫耀；你若有喜事不告知他，他又会认为你目中无人。反正，只要你过得比他好，无论如何你都感化不了他，无论如何都是你的错。

五是唯利是图，有奶便是娘。在他心里根本就没有道义，没有诚信，没有原则，没有友情，甚至没有亲情。所有人都是供他利用的工具，若为自己他可以不择手段，若为别人他必定精打细算。至于背信弃义嘛，对他来说更是家常便饭，完全没有负疚感，宁愿他负天下人，也不愿天下人负他。

六是对人对己采取双重标准，习惯于贬低他人，甚至以此为乐。只用道德来限制别人而从不限制自己，只看到别人的缺点，却认为自己只有优点。对别人，他高标准严要求，批评别人时有理有据，宛如一个道德高尚之人。对自己，则是没标准，没要求，即使犯了错，也会千方百计找借口，甚至将责任推得一干二净。

七是非常虚伪，喜欢自吹自擂。即使偶尔行善，偶尔做件好事，也肯定带有不可告人的目的，比如为了提升自己的名誉和身价等。事后他更会到处宣传，生怕别人忽略了他这位"大好人"，生怕自己做了赔本买卖。

八是特别擅长自我隐藏，从不暴露自己的弱点，甚至不愿展露自我，更没有真心朋友。在他完美无缺的面具下，总让人觉得难以靠近，更难交心。

九是说话爱绕弯子，喜欢耍小聪明，从不说实话，总是用问题来回答问题。与别人聊天时，很少暴露自己的信息，只想尽可能多地挖掘对方的信息。从不相信别人，总是怀疑一切，拒人于千里。与他相处时，总觉得特累，总觉得颇受防范。

十是内心脆弱，过于敏感。由于他的仇恨心理过重，甚至对生活充满敌意，总是将别人的善意当成虚伪，总喜欢追究别人行为背后的动机，总喜欢考验别人对自己的忠诚度，总喜欢寻找别人的不足，总喜欢压倒别人，总认为别人的友好是笑里藏刀，于是便以笑里藏刀来应对，结果真的就成了笑里藏刀。

对待笑里藏刀的人，最好的方法就是远离，毕竟"三十六计，走为上"。


笑里藏刀在网络安全中的盛行，给我们提供了许多有益启发。其实，只要稍加注意就不难发现，几乎所有网络安全问题，全都可以归咎于人。具体地说，归咎于三类人：破坏者（黑客）、保卫者（我方）和使用者（用户）。当然，这"三类人"的角色相互交叉，甚至彼此重叠。不过，针对任何具体的网络安全事件，他们之间的界线还是相当清晰的。因此，只要把"三类人"的安全行为搞清了，他们对网络安全的作用也就明白了。而人的任何行为，包括安全行为，都取决于其"心理"。在心理学家眼里，"人"只不过是木偶，而人的"心理"才是拉动木偶的那根线；或者说，"人"只不过是"魄"，而"心理"才是"魂"。所以网络安全的根本核心其实隐藏在人的心里，只有借助心理学和社会学等成果来揭示网络安全的人心奥秘，才能更好地理解和对付诸如笑里藏刀之类的计谋。

可惜，在过去数十年里，全球网络安全界却几乎把"人"给忘了，大家都把主要精力用于技术对抗。反而是黑客，常常利用所谓的社会工程学，来攻击"人"；并以此为突破口，结合各种技术和非技术手段，把用户和我方打得落花流水。比如，大到伊朗核电站被摧毁，小到普通用户被"钓鱼"骗取口令等，网络黑客攻击的第一枪，几乎全都来自看似善意的社会工程学行为，笑里藏刀在其中也都扮演着不可替代的角色。虽然社会工程学的具体攻击方法无穷无尽，但拙作《黑客心理学》却穷尽了几乎所有社会工程学攻击的基本"元素"，即所有无数种社会工程学攻击方法，都只是这些数百个"元素"的某种融合而已，这就像门捷列夫元素周期表中的百余种元素就能组成宇宙中无数种物质一样。

过去网络安全界为什么会把"人"给忘了呢？这主要因为当时的主流世界观有问题，更具体地说，当时大家都片面地把网络看成由硬件和软件组成的"冷血"系统，认为可以通过不断的软件升级、硬件加固等技术办法，来保障网络安全；但忽略了那个最重要、最薄弱的关键环节，即"热血"的"人"。其实，完整地看，只有将软件、硬件和人，三者结合起来考虑，才能形成一个闭环；而只有保证了这个闭环的整体安全后，才能真正建成有效的安全保障体系。其中，人既可以是最坚强的，也可以是最脆弱的。更直白地说，硬件和软件其实是没有"天敌"的，只要不断地"水涨船高"，总能够解决已有的软硬件安全问题；但是，"人"是有"天敌"的。所以，赢人者，赢天下；胜人者，胜世界！

既然黑客、我方和用户的目标、地位和能力等各不相同，他们在网络安全攻防过程中的心理因素也会不同。其中最具网络特色的是黑客心理，因为若无黑客，几乎就没有安全问题。但遗憾的是，黑客过去存在，现在存在，今后也将存在，甚至还可能越来越多。所以别指望黑客的自然消失，而应该了解他们为什么要发动攻击，以及如何处理好包括笑里藏刀在内的相关计谋。

# 第 11 计

# 李代桃僵

势必有损，损阴以益阳。

　　李代桃僵最早出自汉乐府诗《鸡鸣》中的这样一段文字："桃生露井上，李树生桃旁。虫来啮桃根，李树代桃僵。树木身相代，兄弟还相忘。"其大意为，李树生在桃树旁，当虫子来啃食桃树时，李树竟代替桃树而牺牲了。古人用李树和桃树来比喻兄弟手足，即李代桃僵的原意"李树代替桃树而死"是比喻兄弟互爱互助的。

　　作为军事策略上的一个计谋，李代桃僵意指在敌我双方势均力敌或敌优我劣的情况下，用较小的代价换取较大的胜利，用局部的损失换取全局的利益，或用暂时的牺牲换取长久的好处等。其延伸含义为，在个别与整体、暂时与长远的利益上有所取舍，争取综合效益最大化。后来，此计更演化为以"此"代"彼"，这也是它在网络对抗中的主要含义。无论是在战场上还是在网络对抗中，在施行此计时都必须分清两点：一是搞清自己的立场，谁是"李树"，谁是"桃树"，谁是"虫子"，谁是可以牺牲的"卒"，谁是需要重点保护的"车"，你的保护目标是李树还是桃树。二是搞清自己的长处和短处，必须以己之长攻敌之短。

　　若站在虫子的角度去思考李代桃僵之计。此时，虫子本想啃食桃树，可李树却挡住了去路。怎么办呢？若虫子能分清李树和桃树，它就可以完全放弃李树，直接绕过李树去攻击桃树。这也意味着，放弃次要目标，直奔主目标。

　　比如，在网络对抗中有一种名叫"重放攻击"的手段，它就能够直接攻入目标用户的系统而不去纠缠该用户的口令到底是什么。实际上，就算某用户对其口令进行了高级加密，让他人无法读懂其口令，但是，黑客只需悄悄潜伏在用户操作指令的必经线路中，并忠实录制该用户的、谁也读不懂的口令密文。然后，当用户离开后，黑客便可冒充用户，在系统问询口令时，将先前已经录制的用户口令密文原封不动地重放一次就行了。实际上，这时系统无法辨别你的黑客身份，只能让你通行，让你成功假冒用户。此时的"口令密文"便是最终的攻击目标"桃树"，而"口令明文"则只是可以绕过的那个"李树"。

一般来说，重放攻击就是把以前窃听到的数据原封不动地重新发送给接收方。哪怕这些数据已被用户加了密，哪怕黑客根本读不懂这些数据，但在很多时候，这些数据所具有的功能（特别是认证功能）将仍然有效。比如，假若那个加密数据当初能让合法用户从账号中提取一笔存款，那么它照样也能让黑客从受害者账号中盗取相同数额的存款。黑客若想盗取更多存款，他只需多来几次重放攻击就行了。此外，黑客还可借助重放攻击来冒充合法用户，愚弄接收端。比如，就算用户系统的接入口令已加密，黑客也可以首先截取加密口令，然后将它重放一次，便可轻松进入用户系统。正如你虽不知土匪黑话"天王盖地虎"的含义，但只要能熟记它的发音，你就能顺利通过关卡，混入土匪窝。

重放攻击的种类很多。若按重放数据的接收方与数据的原定接收方的关系来分，重放攻击可概括为三类：

一是直接重放，它将截获数据重放给原来的接收方；

二是反向重放，它将原本发给接收方的截获数据反向重放给发送方；

三是第三方重放，它将截获数据重放给其他验证方。

若按重放攻击发生在协议中的回合位置来分，重放攻击可概括为两类：

一是重放数据发生在当前协议的回合之外；

二是重放数据发生在回合之内。

若按黑客对截获数据的重定向方式来分，重放攻击可分为两类：

一是偏转重放攻击，此时黑客将截获数据发给异于原接收方的第三方；

二是延时重放攻击，此时黑客重放截获数据的时间会有适当延迟。

如何防御黑客的重放攻击呢？主要方法有三个：

一是发送方在每个报文中增加一个绝不重复的随机数。于是，收信方若发现收到了曾经出现过的随机数，他就断定有人正在发动重放攻击。该方法的优点是通信双方不需要时间同步，双方只需记住使用过的随机数就行了。缺点是需要额外保存使用过的随机数，久而久之，这些随机数的保存和查询开销都很大。

二是增加同步的时间戳。黑客一旦发起重放攻击，接收方便能从同步性受损现象中发现破绽。该方法优点是不用额外保存其他信息。缺点是通信双方需要准确的时间同步，当系统很庞大或跨域很广时，精确的时间同步其实很难。

三是增加流水号。此时双方在往来报文中都添加了一个逐步递增的流水号整数，只要接收到一个不连续的流水号报文，就可认定发生了重放攻击。该方法优点是不需要时间同步，保存的信息量也较小。但是，若黑客成功破解了报文，他就能获得流水号，并发起重放攻击。

此外，对付重放攻击的方法还有挑战／应答和一次性口令等方法。当然在实际使用时，人们常采取上述方法的组合来更有效地防止重放攻击。

仍然站在虫子的角度来看，当"桃树"藏得很深而不能直接攻击时，只好将"李树"当成"桃树"来攻击。待到消灭了"李树"后，再去攻击"桃树"。比如，在网络对抗过程中，我方为了保护自己的信息系统，通常都会采用多种安全保障措施，而且这些措施还会像俄罗斯套娃那样层层相套。黑客若想攻入这些防护措施的内层，一般来说，他就得首先攻击相应的外层。比如，最常用的安全层次结构至少包括入侵检测、防火墙和加密等，因此作为"虫子"的黑客就必须首先隐藏自己的攻击行为，确保不被入侵检测系统发现，否则就会打草惊蛇。其次黑客得攻破用户的防火墙，否则根本无法进入用户的系统，更不可能获得想要的数据。最后，即使黑客已经获得了想要的数据，但通常这些数据已被用户加密，黑客还得努力破解这些加密数据，否则就只能得到一堆无用的乱码。

史上最著名的李代桃僵案例之一，可能当数"田忌赛马"了。原来，战国时，齐国将军田忌经常与齐威王赛马。当时的比赛策略是：将马分为上、中、下三等，比赛共进行三场，先赢两场者为胜。在历次比赛，田忌从来没赢过。后来在军事家孙膑的指导下，仍然是同样的一批马，只是略施李代桃僵之计，稍微调整了赛马顺序，田忌便轻松获胜了。你看，当齐威王用上等马时，田忌便用下等马，当然会输掉一局；当齐威王用中等马时，田忌便用上等马，当然会赢一局；最后，当齐威王用下等马时，田忌便用中等马，当然又会再赢一局。最终，田忌以三比二获胜。换言之，田忌的下等马就充当了那个顾全大局的牺牲者"李树"。

在网络对抗中，最直观的李代桃僵技术，可能当数著名的拒绝服务攻击（DoS）或其增强版——分布式拒绝服务攻击（DDoS）。此类攻击的思路在日常生活中也很普遍。比如，有一种名叫"呼死他"的防骚扰电话设备，它其实就是不断地给骚扰电话的机主（桃树）打电话。如果机主不接听，它就无法拨出骚扰电话（李树）；当机主一接听时，"呼死他"就立即挂断并再次拨号，直到骚扰者放弃骚扰别人为止。

网络的拒绝服务攻击的原理其实很简单。实际上，在服务器和客户端的连接过程中，信令会经过三次请求和应答，只有当每次应答都正确无误时，服务器才能提供随后的正常服务。于是，黑客的拒绝服务攻击便可以这样展开：黑客首先通过自己的客户端向服务器发出一个正常的初始请求；然后服务器会按正常规则反馈一个应答，即第二次应答，并等待黑客的进一步应答，即第三次应答。在正常情况下，服务器应该在验证了黑客的第三次应答后便开始提供正常服务。可是，黑客在拒绝服务攻击时始终不返回第三次应答，服务器只好耐心等待，直到既定的等候时间结束后才开始接受其他用户的请求。这当然就影响了服务器的整体性能。形象来说，黑客的本意是想攻击服务器（桃树），但因其能力所限，只能攻击服务器与客户端之间的链接（李树），从而上演了一出李代桃僵。

拒绝服务攻击之所以能生效，关键是因为找到了能影响"桃树"性能的"李树"。比如，在服务器与客户端的请求和应答过程中，假若黑客的初始请求本来就无效，那么服务器就不会受理其请求，服务器的性能也不会受到任何影响，相应的拒绝服务也会以失败告终。

假若黑客只用自己的那一个客户端向服务器发起拒绝服务攻击，服务器的性能将只会受到轻微影响，毕竟一般的服务器都有强大的服务功能。于是，为了获得强大的攻击能力，黑客通常会调用众多客户端，让它们同时向服务器发起拒绝服务攻击。黑客如何才能"鼓动"一大批客户端来共同攻击呢？这时，另一种比较直观的李代桃僵技术就派上了用场，它就是所谓的僵尸网络技术。形象来说，通过僵尸技术，黑客能将网上众多与自己完全无关的、本来就存在某种安全漏洞的计算机变成能被自己操控的僵尸计算机。就像传说中的僵尸忠实地听命于"赶尸人"那样，僵尸计算机也会忠实听命于黑客。

　　若黑客直接利用自己的客户端来发起拒绝服务攻击，那他将可能遭受我方溯源跟踪的有力反击，甚至给自己带来牢狱之灾，毕竟攻防双方都有各自的撒手锏。于是，为了避免暴露行踪，黑客又可以采用另一种仍然是比较形象的李代桃僵技术，名为跳板攻击技术。顾名思义，该技术的核心就是，黑客首先通过自己的客户端控制网上的其他客户端，然后以该受控客户端为跳板向目标服务器发起攻击。即使我方采用溯源跟踪抓住了那个发起攻击的跳板客户端，黑客仍可以安然无恙，因为那个跳板压根儿就是一个与黑客完全无关的受害者。有时黑客为了更加安全，他甚至可以采用多级跳板技术。即用自己的客户端控制某些一级跳板，然后由一级跳板再控制更多的二级跳板，再由二级跳板控制其他三级跳板，直到最终的某级跳板，然后再开始正面攻击服务器。只要跳板的层级足够多，我方的溯源跟踪技术迟早会失效，黑客也就可以来无影去无踪了。

　　还有一种比较直观的李代桃僵安全技术，那就是所谓的安全沙箱。

　　什么是沙箱呢？在回答这个问题前，先介绍一下生物病毒研究的情况。为了对传染病毒进行深入研究，同时也为了避免病毒在研究过程中意外扩散，人们建设了与世隔绝的病毒实验室，让医生在这里研究病毒。就算是出现了意外，病毒也会被严格控制在实验室的封闭区域中，不会危害社会。如果将医生换成网络对抗的某方，将生物病毒换成网络攻防的各种手段，那么安全沙箱便可看成那个封闭的病毒实验室。或者说，此时的沙箱就是"李树"，网络攻防双方就是"桃树"，黑客或我方先通过沙箱中的攻防演习，磨炼出更强的攻防能力，然后再到真实的网络系统中去正面博弈。可见，无论是对黑客还是我方，沙箱都必不可少。

　　一般来说，安全沙箱是一个虚拟系统程序，是按照既定安全策略构建的能够限制程序行为的虚拟环境。在该环境中，研究者可以反复运行浏览器或其他程序，还可以随时删除程序运行所产生的各种后果，让沙箱恢复原状。因此，安全沙箱创造了一个独立的实验环境，在其内部运行的任何程序都不会造成永久性破坏，因此可用于测试任何不可信的应用程序或上网行为。比如，沙箱可用于测试未知病毒等各种可疑软件，可用于分析恶意代码的行为，可用于任何攻防实验。

第 12 计

# 顺手牵羊

微隙在所必乘，微利在所必得。少阴，少阳。

作为一个成语，顺手牵羊的本意是顺手牵走别人家的羊，又指趁机偷走别人的东西。作为一个计谋，顺手牵羊指不费吹灰之力就趁机获得好处，比如趁势捉住敌手或趁机达成某个目标等。此计的核心是善于发现和利用敌人暴露出来的弱点，哪怕是微小的弱点，然后再利用这些弱点谋取相应的利益，哪怕是很小的利益，毕竟积小利可成大利。当然其前提条件是不能因小失大，要全盘考虑利益得失。此计既可供胜利者使用，也可供失败者使用；既可供攻方使用，也可供守方使用。此计的妙处就在于抓住敌人的漏洞并趁机予以打击。

史上的顺手牵羊故事很多，这里只简述一个。春秋时期，齐国大夫崔杼颇受齐庄公器重，不但被封为上卿，还经常应邀带着妻子前往王宫饮酒作乐。可哪知这齐庄公很好色，他竟诱奸了崔杼之妻。崔杼敢怒而不敢言，但从此开始寻找齐庄公的漏洞，希望有机会发泄这口恶气。崔杼先是谎称有病，长期在家休养，自然也就不再带妻子去王宫见齐庄公了；同时，崔杼也暗自全面关注齐庄公的动静。有一天，齐庄公的贴身内臣贾竖只因犯了点小错，就被齐庄公抽打了一百鞭。为此，贾竖非常怨恨齐庄公。崔杼心中暗喜，赶紧用重金收买了贾竖，将他发展成自己的内线，命他随时报告齐庄公的行踪。不久，贾竖就来报告说，齐庄公将于近日亲自前来看望"病中"的崔杼。崔杼当然知道齐庄公的醉翁之意，但他仍然不动声色，只是积极安排家宴，准备热情款待齐庄公。家宴当晚，崔杼又以病重为由只安排妻子陪酒，这正中齐庄公下怀，让他心花怒放，自然也就放松了警惕。果然，当齐庄公正与美人玩得甚欢时，突然从床下窜出几位家丁。起初，齐庄公还想以王者身份吓退家丁，可家丁却只称是奉命捉拿淫贼！说罢，手起刀落就割下了齐庄公的项上人头。就这样，崔杼巧妙抓住时机，利用齐庄公的一个微小疏漏，终成惊天大事。

顺手牵羊在网络对抗中仍是一个常用计谋，甚至随处可见。实际上，黑客攻击的主要思路就是发现目标系统的既有漏洞，然后，利用这些漏洞（哪怕是非常微小的漏洞）来顺手牵羊地完成攻击任务。

什么是漏洞呢？从技术角度看，漏洞就是系统中硬件、软件和协议等的安全缺陷，它们可以使黑客在未经授权的情况下访问或破坏系统。漏洞可以出现在网络系统的生命周期中的各个阶段，包括但不限于设计、实现、运维和销毁等阶段，并随之引发各种安全问题，影响系统的机密性、完整性、真实性、可控性、可用性、可靠性和不可否认性等安全性能。

随着社会信息化程度的提高，新发现的漏洞会越来越多，新漏洞从发布到被黑客利用的时间会越来越短，漏洞造成的损失会越来越大。高级黑客不但会充分利用已知漏洞发动攻击，还会自己挖掘和利用一些未公开的新漏洞，甚至出售漏洞信息以获取暴利。因此，漏洞挖掘已成为网络安全界的前沿热门课题之一，无论黑客还是守方都已在该方面投入大量人力和物力。甚至还设立了官办"国家信息安全漏洞共享平台"，既广泛收集各种漏洞成果，积累已知漏洞的知识；又重金奖励漏洞研究方面的杰出人才，尽可能多地发现未知漏洞；还积极研究漏洞，特别是零日（0Day）漏洞的应用和弥补对策等。

若从形成原因来看，漏洞可粗分为如下四类：

一是程序逻辑结构漏洞。它是程序员在编写程序时的逻辑设计错误所造成的漏洞，其典型代表是 Windows 2000 用户登录时的中文输入法漏洞。利用该漏洞，黑客可以通过登录界面的输入法帮助文件，轻松绕过 Windows 的用户名和密码验证并进一步获取计算机的最高权限。程序逻辑结构漏洞既可正面用于增强系统功能，也可被黑客用于非法目的。形象来说，程序逻辑结构漏洞就像是在防盗门上开了一个猫洞，本来是为了方便宠物进出的，却为小偷提供了可乘之机。

二是程序设计错误漏洞。它是程序员在编写程序时的技术疏忽所造成的漏洞，也是被黑客利用得最多的一类漏洞。其典型代表便是缓冲区溢出漏洞，它可存在于各种操作系统和应用软件中，导致程序运行失败、系统宕机、重新启动等后果。更严重的是，黑客可利用缓冲区溢出漏洞轻松获得非授权指令，甚至可以取得系统特权，进而进行各种非法操作。

三是开放式协议造成的漏洞。由于网络中的许多基础协议和软件都是完全公开的，这些系统又太过复杂，因此难免含有各种漏洞。其中某些漏洞归因于人类的有限能力，某些漏洞则是有人故意为之，此类漏洞的数量很多，隐患很大。比如，当初在设计国际互联网的开放性基础通信协议 TCP/IP 时，人们只考虑了实用性却完全忽略了安全性，从而留下了很多安全漏洞，尤其是为黑客发动拒绝服务攻击提供了极大便利。此外，若利用 TCP/IP 的开放性和透明性，只需借助适当的嗅探器，黑客便可窃取数据包中的用户口令等敏感信息。

四是人为因素造成的漏洞，特别是因管理员的安全意识淡薄而造成的漏洞。比如，管理员为了偷懒而设置的弱口令便是这种漏洞的典型代表。一旦黑客猜出弱口令，他便可代替管理员拥有最高权限，甚至可以为所欲为。又比如，即使用户设置了黑客无法猜出的复杂口令，若管理员为了避免遗忘而将该口令记在小本上，若某位黑客又偶尔获得了该小本，其后果仍将不堪设想。

若从人类对漏洞的了解情况来看，漏洞又可分为如下三类：

一是已知漏洞，即那些早已被发现和使用的公开漏洞。虽然守方已为弥补此类漏洞公开发布了相关补丁程序，但由于各种原因（比如，安全意识不强、技术不精或消息不灵等）某些用户并未及时安装补丁程序或及时采取防范措施，这就为黑客"捡漏"打开了方便之门。此外，黑客也可能再次挖掘出补丁程序本身的某些次级漏洞，并以此发动新的攻击。

二是未知漏洞，即那些已经存在但暂未被发现的漏洞。此类漏洞虽然暂未威胁到网络安全，可一旦某天某个未知漏洞被某位黑客发现并利用，其后果将难以预料。难怪全球的软件开发商、安全组织和黑客等都在全力以赴地挖掘这类漏洞，毕竟谁先发现了未知漏洞，谁就掌握了主动权。比如，若软件开发商领先，他们就可以马上开发并公布补丁；若黑客领先，他们就可立即发起新的攻击。

三是零日漏洞，即刚被发现还没来得及开发安全补丁的漏洞。这类漏洞可能暂时只掌握在极少数人手里，暂时属于高级机密。若零日漏洞掌握在某位黑客手里，他既可以适时发动有效进攻让守方无从防御，也可以将其作为战略储备，以便在随后的关键时刻，出其不意地对目标系统发起致命打击。若重要的零日漏洞掌握在政府手中，那就可能在关键时刻变成网络战争的撒手锏。

目前都有哪些漏洞挖掘技术呢？从逆向分析的软件测试角度来看，漏洞挖掘技术可分为白箱分析、黑箱分析和灰箱分析等三类。从挖掘对象的角度来看，漏洞挖掘技术又可分为两大类：

一是基于源码的漏洞挖掘技术，此时挖掘者必须持有源代码，比如，对于某些开源软件，通过分析其细节就可能找到某些漏洞。

二是基于目标代码的漏洞挖掘技术，此时的挖掘难度更大，不但要涉及编译器、指令系统、可执行文件格式等多方面的知识，还要进行诸如二进制目标代码的汇编、反汇编、切片和关联分析等复杂而枯燥的代码分析工作。

不但网络有漏洞，作为网络系统重要组成部分的人也有漏洞，而且漏洞还有很多。实际上，在社工黑客眼里，任何规律性的东西，也都是可被利用的漏洞。比如，人类的规律性感觉漏洞就至少有如下五类：

第一，对机体状况和感觉器官功能的依赖性漏洞。不管是哪种感觉，都同个人机体的状况有关。若机体不健康或有缺陷，就会直接影响感觉的发生和水平。比如，盲人无视觉，聋人无听觉；患感冒的人，其嗅觉会急剧下降。另外，在感觉方面，个体的差异也较大（比如，有的人是色盲，有的人对颜色却极其敏感等），感觉特性还会随年龄、环境的变化而变化等。

第二，所有感觉都与外在刺激的性质和强度有关。一种感受器只能接受一种刺激。刺激的性质不同，它所引起的感觉也不同。例如，眼睛只接受光刺激，识别颜色、形状等；耳朵只接受声音刺激，识别声音的强弱、音调的高低等。另外，刺激本身必须达到一定强度，才能对感受器官发生作用，也才能被感知；当然，也并非刺激越强越好。比如，若照明光线太弱，将看不清东西；若太强，将使人眩目，也看不清东西等。

第三，感觉的适应性漏洞。所谓适应，是指由于刺激物对感受器的持续作用，而使感受性发生变化的现象。例如，当从亮处走进暗处时，会突然致盲；过一段时间（4～6分钟）后，才可看到暗处的物体轮廓。相反，当从暗处进入亮处时，会有炫目感，出现暂时性视物不清，约1分钟后才逐渐恢复视觉。其实，除痛觉外，其他感觉，诸如嗅觉、味觉、触觉、温觉等，也都有适应性特点。例如，"入芝兰之室，久而不闻其香"就是嗅觉适应。听觉适应一般不是很明显。

第四，不同感觉之间相互作用的漏洞。对某种刺激物的感受性，不仅取决于对该感受器的直接刺激，而且还与同时受刺激的其他感受器的机能状态有关。例如，电锯的"吱吱"刺耳声，不仅会强烈刺激听觉器官，而且还会使皮肤产生冷感。食物的颜色、温度等不仅影响视觉和温觉，而且也影响味觉和嗅觉。感觉之间相互作用的另一种特殊表现是感觉代偿，即某种感觉缺失后，可由其他感觉来弥补，如盲人的听觉和触觉可能更强。

第五，感觉的模糊性漏洞。尽管感觉器官具有很强的感受性，但对外界事物变化的感知并不是很精确；对不同个体来说，其感受到的结果也有较大差异。

当然，除规律性漏洞外，人类还有许多其他漏洞，如从漏洞致因的角度看，包括但不限于错觉性漏洞、幻觉性漏洞、病理性漏洞、缺陷性漏洞等。不过，社工黑客并不关心漏洞的致因，只在乎漏洞是什么，以及如何利用漏洞来展开攻击等，所以黑客会尽力地挖掘和利用所有已知的人性漏洞。

针对不同的感觉，相应的漏洞也不一样，比如，视觉有视觉的漏洞，听觉有听觉的漏洞，相关细节请见拙作《黑客心理学》，此处只点到为止。此外，社工黑客的攻击是无身体接触的攻击，所以应该重点关注正常人的人性漏洞。但在某些特殊情况下，黑客也有办法使正常人变为非正常人，至少可以短暂地让正常人变成非正常人，所以了解一下人类感觉漏洞的极限，也是有帮助的。

感觉漏洞的极限可以分为如下三类：

一是感觉过敏性漏洞。此时当事者对外界一般强度的刺激感受性增强，如感到阳光特别耀眼，声音特别刺耳，普通的气味异常刺鼻，等等。

二是感觉减退漏洞。此时当事者对外界一般刺激的感受性变弱，如几乎感知不到强烈的疼痛，外界环境变得暗淡，颜色模糊不清，声音发钝；甚至感觉消失，即对外界刺激不产生任何感觉。

三是内感不适性漏洞。此时当事者体内产生各种不适感和难以忍受的异样感觉，如牵拉、挤压、游走、蚁爬感等，且当事者不能明确指出具体的不适部位。

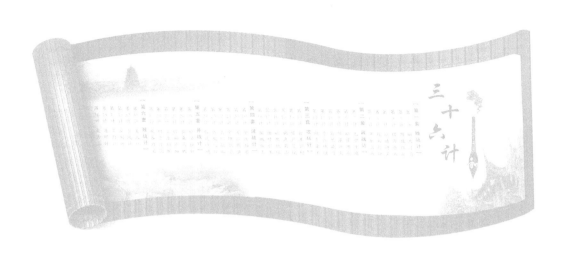

# 第三套

# 攻 战 计

作为《三十六计》中的第三套计谋，"攻战计"的核心就是一个字"攻"，其要点可简述为：攻心为上，攻城为下；攻人为上，攻网为下；如何攻心，假假真真；如何攻人，社会工程。此套计谋主要包括"疑以叩实，察而后动"的打草惊蛇计；"借不能用者而用之"的借尸还魂计；"待天以困之，用人以诱之"的调虎离山计；"累其气力，消其斗志，散而后擒"的欲擒故纵计；"类以诱之，击蒙也"的抛砖引玉计；以及"摧其坚，夺其魁"的擒贼擒王计。

在网络世界中，黑客与用户的主要区别就在于其攻击行为。黑客将违背他人意愿，采取信息手段等非身体接触方式损害他人利益。按目的划分，黑客攻击可大致归为观点表达型、情绪宣泄型、利益诉求型和网络犯罪型四类。

观点表达型攻击。它是网络中最为常见的攻击，其典型代表就是网上的各类骂人帖等。当某件事情发生后，网民会片面地发表评论，对相关人和事进行攻击。若当事者具有某些特殊身份且可供新闻炒作的话，相关攻击将更加激烈。不过，由于此类攻击往往不涉及攻击者的切身利益，此类攻击行为的持续时间通常都很短，特别是随着新闻事件影响力的逐渐衰退或涉事某方的淡出，攻击行为也就相应结束。另外，此类攻击主要以讽刺、诽谤和谩骂等精神攻击为手段，具有典型的偶发性，没有明确的组织性，其后果相对说来不会十分严重。

情绪宣泄型攻击。此类攻击是指网民将自身在线上或线下遭受到的各种不满，以攻击方式表达出来的行为。特别是当其不满已积怨许久，而又恰遇某个导火索事件发生时，相应的攻击行为将借题发挥，突然剧烈爆发。此类攻击，通常也是事先没有组织性的或者至少可以说组织性不强；但如果积怨太大，也可能在很短的时间内变得有组织从而产生强大的攻击力，甚至危害社会秩序。此类攻击的非理性成分较多，真正被攻击的对象，其实也可能是"替罪羊"；攻击群体之间极容易相互影响，相互鼓劲，甚至产生"共振现象"，甚至做出违规或违法行为。除言语攻击外，为了发泄不满，攻击者可能发动任何其他类型的攻击，包括但不限于破坏对方的网络和计算机、公开其隐私，甚至捣毁相关财物等。

利益诉求型攻击。此类攻击力图达成攻击者自己的既定利益。攻击者通常曾是利益受损者或其同情者，而被攻击者则是曾经的"害人者"。比如，攻击者希望借助网络媒体引起大众关注，以此向对方施压，维护自身利益。此类攻击者有时可能违规，比如通过揭露他人隐私或编造谎言来达到自己的目的。此类攻击主要是维权者的自发行为，但随着网上"职业推手"的出现，也会出现一定的组织特征。当利益诉求者的目的达到后，此类攻击一般也就停止了。

网络犯罪型攻击。此类攻击可能造成严重后果，甚至使某些国家或地区的信息系统瘫痪。比如，通过非法操作破坏智能电网系统，造成极大的社会危害等。此类犯罪行为的科技含量较高且目标非常明确，包括但不限于：非法侵入他人计算机，破坏信息系统，破译机要密码，盗取别人账号或口令，造谣中伤等。此类攻击的侵害目标，既可能是硬件，也可能是软件，还可能是人。此类攻击，既有个人行为，也有组织行为，甚至还包括国家行为。此类攻击的目的，通常是获取某种利己资源或损害他人利益。被攻击者既可能是明确的现实目标，也可能是网上的虚拟受害者。

当然，上述四类黑客攻击行为之间，并非界限分明。真实发生的许多攻击事件往往可以同时归类于数种攻击，而不同类型的攻击之间还可能彼此相互转化。其实，仅仅是社工黑客攻击，就还有许多别的类型，细节请见拙作《黑客心理学》。

## 第 13 计

# 打草惊蛇

疑以叩实，察而后动。复者，阴之媒也。

作为一个成语，打草惊蛇的表面含义为"打的虽是草，惊动的却是隐藏在草丛中的蛇"。原指惩罚别人时，也警戒了自己。后来引申为"白天不做亏心事，半夜不怕鬼敲门"，干坏事后会做贼心虚，只要稍有风吹草动，坏人就会闻风丧胆，生怕自己的恶行被暴露。

成语打草惊蛇出自这样一个典故：南唐时期，当涂县的县令王鲁贪得无厌，财迷心窍，审案时只要有利可图就不顾是非曲直，随意颠倒黑白。王鲁的贪赃枉法让其属下个个如狼似虎，做起恶来更是明目张胆。全县大小官吏都变着法子贪污受贿，巧立名目搜刮民脂民膏。百姓对此苦不堪言，但求早日有人伸张正义，好好惩治一下这帮硕鼠。一次，张秀才的宅基地被邻居侵占。张秀才打不过邻居，只好拉着对方到衙门告状。谁知，守门小吏却拦住去路，公开索要进门钱。张秀才无奈，只好交钱入门。刚走几步，只听一声惊雷道："大胆，谁敢私闯公堂，还不快给我滚出去！"原来是主簿大人发火了。张秀才赶紧申冤，主簿自然不理。这时，聪明的邻居看出了门道，悄悄递上一锭银子并表示此事愿意私了。心领神会的主簿不由分说就将他俩赶出了衙门。张秀才回家越想越气，提笔就写了份状子，详述了过去几年来这位主簿敲诈勒索的若干事实。读罢状子的县令吓得一身冷汗，因为其中的许多违法行为都与自己密切相关，如果深加追究，肯定会拔出萝卜带出泥。于是，他在状子上批下了八个大字："汝虽打草，吾已惊蛇。"然后，将状子悄悄扣压下来了事。该八字批语后来就演化为成语"打草惊蛇"。

作为一个军事计谋，打草惊蛇则意指做事不周密，行动不谨慎，结果使对手有了警觉，加强了防范，也给自己增添了不必要的麻烦。因此，为了避免打草惊蛇，我方必须谨慎行事，在敌方兵力未暴露、行踪仍诡秘、意向暂不明的情况下，切忌轻敌冒进。必须知己知彼，方能百战百胜。此计的灵活运用有着很多技巧，比如，一方面，对于隐蔽的敌人，我方不得轻举妄动，以免让敌人发现我方意图并采取相应对策；另一方面，我方也可以主动打草惊蛇，用佯攻或助攻等方法引蛇出洞，摸清敌情，掌握主动权。

在网络对抗中，避免打草惊蛇的最谨慎行动就是不动或少动，因此，黑客的攻击过程经常会将时间和空间分割成若干碎片，每次只在一个或很少几个碎片上行动，从而在很大程度上缩小目标，尽量减少被对方发现的可能性。比如，以蠕虫病毒为代表的许多恶意代码在被植入目标主机后，几乎都会处于"静若处子"的休眠状态，直到发起总攻时才会突然"动若脱兔"，将破坏力发挥到极致。又比如，在分布式拒绝服务攻击发动之前，各个"枪手（僵尸主机）"都会不动声色地分别隐藏在全球各地的机房中，待到时机成熟时再一哄而上，在同一时刻向目标主机发起请求，直到最终将主机"累死"为止。又比如，在网络诈骗活动中，黑客绝不会在刚出现时就要求受害者汇款，他一定会按照既定剧本，按时间顺序，一步一步地将受害者引向圈套，使得每一步都显得顺理成章，每一步都不会打草惊蛇。直到最后一步时，受害者将迫不及待地向对方汇款，甚至连警察或银行经理都拦不住。在谨慎行动方面，网络攻防双方都很用心，实例太多，不再细述。下面只介绍几个与主动打草惊蛇有关的安全技术。

黑客采用佯攻方法打草惊蛇的典型技术之一，便是网络扫描。具体来说，网络扫描可帮助黑客摸清敌情，摸清草丛下面是否有蛇，了解目标系统的"兵力"分布情况和薄弱环节及漏洞，因此它可看成黑客在发动攻击前的踩点活动，就像小偷行窃前也要先踩点一样。此时黑客所使用的扫描器其实是一种能够自动检测本地或远程主机安全漏洞的程序，它还能将扫描结果及时通报给黑客。通俗来说，扫描器先主动向目标主机发送数据包（相当于主动"打草"），然后根据主机反馈的信息来判断对方的某些信息（如操作系统是啥类型，开发端口是什么，能提供何种服务等），其至发现主机的某些漏洞（相当于"惊蛇"）。当然，若黑客扫描太频繁，也可能被主机发现，甚至触发主机启动相应的防范措施。因此，在网络扫描时，必须把握好扫描的频度，最好是既能投石问路，又不会暴露行踪。

网络扫描主要有三类：

第一类是常规恶意扫描。它主要针对一般的常见安全问题，其目标是发现和利用已知的安全漏洞。在全球范围内，此类扫描的频率和规模变化不大，可看成整个网络扫描活动的"背景流量"。

第二类是有针对性的突发扫描。它是瞄准某些新出现的特定安全问题而突然发起的大规模扫描。特别是在零日漏洞刚刚诞生后或在相关安全补丁刚刚发布后，此类扫描将出现一个瞬态高峰，并将很快恢复正常。

第三类是安全监控扫描。它是由安全机构出于安保目的而进行的扫描活动，主要用来发现各种潜在风险，以便构建更加安全有效的保障体系。从技术上看，此类扫描器与黑客的扫描器并无区别，只是此类扫描一般都是公开进行的，而且不会动用恶意代码去攻击被扫描对象。

我方采用佯攻方法打草惊蛇的典型代表之一，便是主动防御技术。顾名思义，主动防御技术能够根据程序行为的异常性来主动判断是否存在安全隐患或自己是否已遭黑客攻击等。比如，在对付病毒时，该技术并不以病毒的特征码为判断依据，而是从原始定义出发，直接根据程序行为来判断是否存在恶意操作。主动防御技术将调用特定软件来自动实现本该由人工方法完成的病毒分析过程，并以此克服常规杀毒软件不能对付未知病毒的难题。形象地说，不管程序的代码是什么，只要这些代码从事了某些危险操作（如删改系统驱动、修改浏览器主页或非法读取内存等），主动防御程序就会立即强行中断危险操作。这就好比商场保安（相当于主动防御程序）并不关心你是否真的想购物，但只要你随身携带了武器，哪怕你并不打算动用这些武器，保安也会马上采取果断行动。即使事后发现你的武器只是仿真品，保安的主动防御措施也会得到充分的肯定。

主动防御技术的原理可简述为：首先，它会对病毒的行为规律进行分析、归纳和总结，会结合人工经验凝结出病毒识别规则的知识库；其次，它会模拟人工机制，借助分布在操作系统中的众多实时监控点信息，动态地监视各种编程接口被调用的情况；再次，通过逻辑关系的分析，它会将被监控程序的一系列调用动作组合成有意义的行为；最后，它会综合应用病毒识别规则，判断被监控程序的组合行为是否有害。

由于主动防御技术直接依据病毒行为来主动识别新病毒，因此与普通杀病毒软件相比，它可以更有效地防止病毒的感染和破坏。特别是在未知病毒的防控方面，它更优于所有杀毒软件，因为它能立即阻止所有危险操作，无论这些操作是来自病毒或其他黑客行为。此外，主动防御技术并不需要像普通杀毒软件那样经常升级，它不但能查杀已知和未知病毒，还不会占用过多网络带宽，对计算和存储等资源的消耗也不大，更不会像普通杀毒软件那样影响主机的正常工作。总之，作为一种主动打草惊蛇技术，主动防御有许多不可替代的优点。

到目前为止，主动防御技术主要有两类，一是基于主机的主动防御，二是基于云端的主动防御。前者运行于客户端，无法与云端协同联运，这就在一定程度上限制了主动防御策略的机动性，也容易产生误报，还在快速变化的网络场景中存在某些不足。幸好，这些不足可由后者来弥补。

还有一种主动打草惊蛇的安全技术，名叫嗅探器，它能从截获的数据（相当于"草"）中主动嗅探出某些有用信息（相当于"蛇"），然后再作恶或行善。嗅探器本来是一种监视网络数据运行的重要软件设备，既能用于合法网络管理也能用于非法窃取信息。从正面看，嗅探器可帮助管理员监视网络流量、分析数据包、了解资源利用情况、监督安全操作等。从反面看，非法嗅探器又会严重威胁网络安全，甚至成了黑客的常用武器。

为了说清嗅探器有多恶，下面讲一个真实的案例。

曾经，唐山市警方成功捣毁了一个使用短信嗅探器作案的电信诈骗团伙。他们趁受害者夜间熟睡时，竟然使用嗅探器在不知不觉中，就截取了受害者的手机短信。接着利用各大银行和移动支付系统存在的相关漏洞和缺陷，窃取了受害者的个人信息、银行卡号和短信验证码等数据，然后顺利盗取了大量存款。

罪犯怎能通过嗅探器的远程操作来行窃呢？原来，短信在设备之间传递信息时，需要遵守一定的规则，其中少不了要使用控制通道与手机基站。手机凭借基站知道自己所在的信号区域，并随着手机用户的移动，及时切换到其他信号区域。特别是手机和基站之间还会随时交互，以确认手机工作是否正常，手机短信在收发过程中更会以数据包形式通过沿途的基站。于是，黑客只需接入控制通道或基站，就能在不知不觉中随时截获你的短信等数据。

比如，黑客只需采用信号劫持器和短信嗅探器，就能将某些正在进行提款操作的用户变为受害者。实际上，黑客可以先在公共场所悄悄设置一个伪基站，让它与周边某些特定手机号码和机主互联，并趁机采集和拦截相关的信号，这就完成了数据劫持工作。接着，嗅探器便开始对这些劫持数据进行主动嗅探，挖掘出对自己有用的相关信息。显然在该过程中，受害者及其手机并不会遭受任何物理接触，黑客却能从中获取目标手机所接收的诸如短信验证码等重要信息。黑客在获得了验证码后，便能以手机用户的合法身份，从事用户有权进行的任何操作，当然也包括提款操作，只不过此时用户的存款已被提取到黑客的口袋里而已。

黑客的这套短信嗅探设备，可由普通笔记本电脑改装而成，不但携带方便，还易于隐蔽，其功率可达数十瓦，能覆盖方圆 500 至3000 米的区域。更可恶的是，这套设备启动后，它还会干扰和屏蔽周边的正常基站信号，把合法用户逼入嗅探器中。若此时网络的鉴权体系刚好有缺陷（如 2G 的单向鉴权），那么合法用户的手机就无法识别基站的真伪，只能与伪基站互动，任由嗅探器宰割。即使此时手机正在 4G 或 5G 的服务范围内，即使此时的鉴权机制很完美，黑客也照样偷你的东西。原来，短信嗅探器还有另一个功能，它能"降维打击"手机信号，将 4G 或 5G 信号压制为 2G，然后再发起劫持和嗅探攻击。

罪犯之所以常在夜间作案，是想让受害者更加被动，以便赢得更多的作案时间。比如，合法用户取款后，银行通常会给机主发送提醒短信，但若此时机主正在做梦，他显然就不能及时报警或挂失。待到次日起床时，一切都晚了。

如何应对短信嗅探器的攻击呢？

首先，运营商需要提供高质量的 4G 或 5G 信号，尽量不要主动"降维"，从而有助于及时规避短信劫持的风险。

其次，你若发现手机短信验证码被频繁发送，那就可立即采取关机、启动飞行模式或离开当前位置等应急措施。特别是当手机信号突然莫名其妙地降为 2G 时，你更应提高警惕。

此外，除上述应急措施外，你还可采取如下常规措施：

一是你的个人银行账户中的大额资金，最好不要开通短信验证转账功能。小额资金账户的短信验证码支付功能，也要设置每日或每笔支付的最高限额。

二是在移动支付时，适当增加身份验证措施，选择多种支付方式的组合，更不要使用免密支付。

三是你可以开通运营商的长期演进语音承载（VoLTE）功能，使数据和通话都在 4G 网络传输，而不会在通话过程中回落到 2G。如果条件允许，你也可将手机网络模式选为只支持 4G 网络等。

总之，希望上述打草惊蛇安全技术，能有效帮助你保护好自己的信息资产。

## 第 14 计

# 借尸还魂

有用者，不可借；不能用者，求借。借不能用
者而用之。匪我求童蒙，童蒙求我。

作为成语，借尸还魂意指已死之物又以别的形式复活。此成语源自一个神话故事：相传，八仙之一的铁拐李，原名李玄。有一次，得道成仙后的他觉得"世界那么大，想去玩一玩"，于是就施仙法让自己的魂魄分离，留下躯体，任由灵魂飘然于三山五岳。临行前，李玄反复叮嘱弟子看护好自己的躯体。可他出门后却玩得乐不思蜀，竟忘了归期。弟子们左等右等，总不见师傅的躯体活过来，以为李玄已死，就将他留下的躯体火化了。待李玄归来时，他的灵魂早已无处所寄了。幸好，路旁有个饿死的乞丐，尸体还算新鲜，李玄只好将自己的魂魄借住在乞丐的尸体内。借尸还魂后的李玄面目全非，像乞丐生前那样蓬头垢面，袒胸露腹，拄拐而行。久而久之，人们就称他为铁拐李，其原名反倒被人们忘记了。

作为一个计谋，借尸还魂意指充分利用那些看似无用却能发挥奇效的东西。此计提醒兵家善于抓住一切机会，争取主动，壮大自己，化腐朽为神奇，转不利为有利，甚至转败为胜。借尸还魂的案例有很多，尤其是在改朝换代之际，总有一些人会打着前朝的旗子，声称奉遗诏行事或拥立难辨真假的前朝太子，号召遗老遗少跟随自己"反清复明"。比如，曹操的挟天子以令诸侯便是典型的借尸还魂。

可能会出乎许多人的意料，在网络安全领域内，借尸还魂之计其实是黑客最重要的制胜法宝之一，同时也是经常被普通用户忽略的漏洞之一。比如，黑客只需盯紧你的垃圾箱，便能从你扔掉的旧纸堆（相当于欲借之"尸"）里，轻松盗取某些重要隐私数据（相当于待还之"魂"）。实际上，世界头号黑客凯文·米特尼克之所以能大摇大摆地闯入美国中央情报局，就是因为他在该机构的垃圾箱中捡到了一张空白入门证。又比如，黑客只需从废品站廉价收购遭淘汰的手机或计算机等，便能借助先进的数据恢复技术，轻松获得用户的许多重要数

据。实际上，某些明星的不雅照，就是黑客用此类借尸还魂之法获得
的。黑客利用废旧设备盗取机密信息的案例数不胜数，这里就不再逐
一罗列了。下面只是重点介绍如何破解黑客的这种借尸还魂之计，由
此可反推此计的强大杀伤力。

硬盘是网络数据的主要载体，硬盘的安全销毁也显得尤其重要。
当计算机或手机报废后，硬盘中的数据几乎都能被高手重新恢复出
来，哪怕你事先已执行过删除操作，甚至哪怕你已将磁盘砸坏。硬盘
数据的销毁工作之难，恐怕远远超过普通人的想象，以致某些重要机
关不得不设置专门的"数据销毁中心"，从而数据销毁技术成为信息
安全的一个重要分支。

硬盘销毁可分为软销毁和硬销毁两种。这里的软销毁又称逻辑销
毁，即通过数据覆写等软件方法来销毁或擦除数据。所谓数据覆写，
就是将非保密数据写入曾经存有敏感数据的硬盘。其原理是：硬盘上
的数据均以二进制形式存储，若用毫无意义的乱码，反复无规则地覆
盖硬盘中的既有数据，就能扰乱以往的涉密数据，让黑客难以恢复其
内容，从而完成硬盘数据的擦除任务。数据覆写的方式多种多样，比
如，若按覆写顺序来分，可分为逐位覆写、跳位覆写、随机覆写等。
当然，根据对销毁时间和密级的不同要求，也可以对上述覆写方式进
行适当的组合，以达到更好的销毁效果。此外，针对某些特别重要的
数据，还需要考虑对硬盘进行多次覆写，用不同格式的乱码进行覆
写。总之，采用覆写法销毁数据时，最好事先充分考虑待销毁硬盘的
存储介质和其中涉密数据的既有编码模式等具体情况，要有针对性地
采取特定覆写模式，增强覆写的破坏性，确保数据销毁的彻底性和有
效性。

采用数据覆写法处理后的硬盘还可以循环使用，所以此种数据销
毁法只适用于密级要求不高的场合。另外，若只需对硬盘中的某些具

体文件进行销毁，同时还得保留其他文件不被破坏时，覆写法就成了最佳选择，它既能保证应毁数据被毁的彻底性，又不影响硬盘中的其他数据。还有一点需注意，那就是确保覆写过程能无缝覆盖硬盘上的所有可寻址部分，万一在覆写期间发生错误，或万一某些坏损扇区不能被覆写，或万一覆写软件本身已被黑客修改，那么覆写后的硬盘数据仍有可能被黑客恢复或部分恢复，致使数据销毁功亏一篑。因此，软销毁方法不适合高密级数据的硬盘销毁，这时就必须动用下述的硬销毁方法。

所谓硬销毁，就是通过物理或化学方法直接销毁存储介质，从而彻底销毁硬盘上的数据。目前常用的硬盘数据销毁方法都比较直观，主要包括如下七种：

一是低阶格式化。磁盘格式化虽是较普遍的硬盘数据删除法，但必须对硬盘的每个扇区都进行数据覆写（称为低阶格式化），否则，一般操作系统进行的高阶格式化都不能彻底删除涉密数据，甚至可能被黑客借尸还魂。

二是泡水法。将硬盘最内层的盘片（而不是外壳）直接丢入污水（而不是清水）里长期浸泡，让污水毁坏盘片上记录数据的磁粉，进而完成数据销毁任务。

三是焚毁法。若将硬盘内层盘片直接丢入火中，其上的磁粉就会被破坏，从而产生销毁数据的功效。此时对焚烧炉的温度要求虽然不高，只要不留空白地全面过火就行，但硬盘的拆卸工作量较大，拆卸过程也难管理，容易泄密。所以，对存有特别重要数据的硬盘，有时干脆就将它彻底熔化。如此一来，只要做好熔化现场的监控工作，黑客就永远也不可能借尸还魂了。

四是刀割盘片法。直接用刀片从硬盘的内层盘片上刮过，就能销毁硬盘上的数据。由于盘片在硬盘中会高速旋转，所以从大面上看，刮除其上的磁粉并不难，只需将刀片放在盘片的半径上，让盘片旋转一圈就行了。但那些未被刀片刮掉的磁粉，也仍有可能被黑客恢复（或部分恢复）成数据。

五是盐酸法。用盐酸或其他腐蚀性液体涂抹硬盘的内层盘片，让盘面上的磁粉被化学药剂摧毁，从而完成硬盘数据的销毁工作。与前述的泡水法相比，此处的盐酸法效果更好，成本更高。此法的要点是，要确保盘片表面被药剂全面涂抹，以免空白处被黑客借尸还魂。

六是锤击法。这是在保密要求不高的情况下使用的简捷方法。此时你只需打开硬盘外壳，用锤敲击盘片，让磁头和盘片的定位变形。如此一来，其他人要想重新找回定位点进而读取数据就不容易了，从而实现销毁硬盘数据的目标。必须指出的是，锤击法的安全度有限，很难杜绝高级黑客的借尸还魂，毕竟有许多专业公司的特长就是恢复（或部分恢复）受损硬盘上的数据。

七是消磁法。这是一种综合效能较高的硬盘数据销毁法。既然硬盘上的数据是以磁粉的方式记录下来的，当然也可用消磁的方法将其毁掉。消磁法的原理是这样的：在硬盘被销毁前，其内层盘面上的磁性颗粒是沿磁力线方向排列的，不同的南 / 北极连接方向就分别代表数据 0 或 1。如果对硬盘施加瞬间强磁场，盘面上的磁性颗粒就会沿外部强磁场的磁力线方向一致排列，其上的内容就变成了清一色的 0 或 1，从而失去了数据记录功能。当然，消磁法只适合于需要销毁整个硬盘的特殊情况，毕竟外部加载的强磁场会不加选择地全部重排硬盘中的磁粉顺序。不过，需要特别注意的是，现在许多硬盘的外层都能在一定程度上屏蔽外部磁力的影响，再加上有些硬盘是多盘片设计的，因此，消磁法的数据销毁效果可能受到影响，甚至给黑客的借尸还魂留下可乘之机。

上述数据销毁法各有利弊，在使用时需要具体情况具体处理。

从黑客的借尸还魂角度看，前面介绍的安全销毁技术主要是防止黑客对我方正常淘汰的信息系统实施借尸还魂打击。现在换个角度，假若我方的信息系统遭到了黑客或意外力量的毁灭性打击，那么是否有某种借尸还魂安全技术能让我们从废墟中（相当于"借尸"）恢复出受损的信息资产（相当于"还魂"）呢？有，当然有，它就是灾难恢复技术，其目的是让我方重新启用信息系统的数据、硬件及软件设备，恢复正常业务。该技术的核心就是对目标系统的灾难性风险做出评估和防范，特别是对关键业务数据和流程给予及时的记录、备份和保护。

为使灾后的灾难恢复工作顺利进行，我方必须在灾前制订切实可行的灾难恢复计划。为此，需要事先保质保量地落实以下准备工作。

第一，搞清目标系统的关键业务模块，确定它们的优先抢救顺序和抢救难度，了解它们对灾难的最大承受能力，预测可能造成的次生灾难，落实关键责任人，确保备份模块及时启动等。比如，要逐一回答下列问题：每个重要程序涉及哪些人？程序的用途是什么？最多能承受多长的宕机时间？程序的升级换代是否频繁？若未能及时抢修会造成多大的直接和间接损失？哪些程序绝不能出错？哪些程序可以适当丢失？哪些程序的规模更大或与业务的关系更紧密？等等。

第二，重点关注数据的恢复问题，毕竟软硬件的价值远不如各种数据。特别是要按既定的恢复标准来对数据库进行分类和标记，针对不同的种类制订不同级别的数据恢复计划。此处的恢复标准涉及三个重要参数：

一是数据的关键程度，数据越关键，保护级别就越高；

二是数据库的规模，毕竟大型数据库的备份和恢复需要更多时间，必要时可使用文件组备份等措施来加速恢复工作；

三是数据的易变性，对频繁变化的数据和长期不变的数据当然应采用不同的恢复策略。

数据恢复计划至少要涉及四个方面：

一是恢复模式是完整模式（不允许数据丢失）、简单模式（允许一定的数据丢失）或大容量日志模式（专用于大容量日志数据库）？

二是备份频率是定期还是不定期？

三是备份内容是全面备份还是部分备份？备份媒介是硬盘、光盘或云端？

四是备份保护的安全策略是什么？比如，是现场备份还是异地备份，是热备份还是冷备份？等等。

第三，全方位考虑灾难恢复问题。毕竟这不只是一个简单的技术问题，而是一个复杂的系统问题，很容易遗留一些重大隐患。因此，针对已经制订的灾难恢复计划和已经实现的灾难恢复系统，还需要进行定期的验证、测试和灾难恢复宣传工作，由此增强相关人员的防灾意识和协调能力，及时发现技术、管理和人员等方面的问题并加以改进。随着目标系统本身业务的发展，相应的灾难恢复计划也必须适时调整，还需及时采用相关的灾难恢复软硬件设备，确保各种设备之间的兼容性和互补性。必要时还得考虑灾难恢复后的接管问题，防止同类灾难重复发生的问题，相关机构间的防灾合作问题，以及新员工的培训和教育问题等。

第四，做好灾难恢复的维护工作，就像养兵千日，用兵一时那样。毕竟灾难恢复工作永无止境，灾难恢复系统也不是建好后就收工，必须做好长期的维护工作，否则当灾难发生时，它可能临阵掉链子。维护工作的内容很多，主要包括下面四个方面：

一是机构内部的每个人员都必须非常清楚报警程序，就像一出现火警大家都会马上想到打119那样，否则，再好的灾难恢复系统都无法及时启用。

二是经常举办灾难恢复演习活动，针对不同的人员，演习的重点、频率和内容也要适当调整。比如，针对关键技术人员的演习频率要更高，演习的内容要更丰富，演习的要求要更严，等等。

三是对灾难恢复系统本身也要进行适时评估，争取实现综合效益最大化。

四是根据评估结果，要对当前的灾难恢复计划进行及时优化。

总之，基于灾难恢复系统的借尸还魂策略，即使我方网络已被黑客干掉，我方也能在尽可能短的时间内，让系统尽可能多地恢复正常业务。

第 15 计

# 调虎离山

待天以困之，用人以诱之，往蹇来连。

作为一个成语，调虎离山意指设法让老虎离开原来的山冈。比喻设法让对手离开其优势之处，以便见机行事。此成语的典故出自东汉末年孙策巧取卢江郡的故事。话说，这卢江郡易守难攻，南有长江之险，北有淮水阻隔，郡守刘勋更是势力强大，野心勃勃。如果孙策硬攻，定难取胜。于是，针对刘勋贪财的弱点，孙策想出了一个妙计：他派信使带着厚礼前往拜见刘勋，一番肉麻的吹捧后就迫不及待地希望与刘勋交好，更以弱者身份向刘勋求救，声称自己常被上缭军队侵扰，但因自己势单力薄，不敢远征，只好请求刘勋发兵。信末，孙策还特意强调，事后将另有重谢。刘勋见有利可图，又见孙策软弱无能，便决定发兵上缭，只留一些老弱残兵驻守卢江郡。孙策见刘勋中计，大喜道："老虎已被调离山冈，赶紧占其老窝吧！"于是便亲率水陆大军，直扑卢江，一举成功。待到刘勋发现中计时，早已追悔莫及，只得匆忙投奔曹操。

作为一个计谋，调虎离山是调动敌人的一种谋略。当自己实力不够时，不必蛮干，也可以避实击虚，增加获胜概率。在网络对抗中，调虎离山之计的核心就在"调"字上，尤其当对方是"虎"（处于优势地位）时，就必须将其调离。即使对方不是"虎"，若有低成本或零成本机会，也不妨让对方能调就调，以减弱其实力，从而减少自己的负担及损失。

对付黑客的最直观调虎离山技术之一，可能当数蜜罐技术。形象地说，蜜罐技术能为黑客虚构一个足以乱真的假目标，引诱黑客前来攻击这个假目标，并不断让黑客尝到某些甜头，使他越来越卖劲地施展才华，亮出自己的绝活。此举不但以调虎离山的方式分散了黑客攻击真目标的兵力，延缓了黑客攻击真目标的时间，还让黑客在攻击假目标过程中，不知不觉暴露自己的"拳脚功夫"；更让我方有更多机会知己知彼，甚至有针对性地打造出专门对付他的必杀绝技。总之，蜜罐技术一举多得地提高了我方系统的安全性。

用行话来说，蜜罐技术中的蜜罐是这样一种安全资源，它的角色是扮演诱饵，故意引诱黑客的扫描和攻击。蜜罐并不向外界提供任何服务，因此所有进出蜜罐的网络流量都是非法操作的结果，都可能预示着黑客的扫描和攻击，蜜罐的核心价值在于对这些非法操作进行监视、检测和分析，从而为真目标的防守提供参考对策。从黑客的角度看，蜜罐的外形与真目标几乎相同，只不过蜜罐系统带有若干故意暴露给黑客的漏洞。正是这些虚假示弱的漏洞引来了黑客的攻击，也为我方侦察敌情提供了便利。

蜜罐技术从诞生到不断完善，也经历了较长的发展过程。早期的蜜罐一般都伪装成带有漏洞的网络服务，并可对黑客的攻击做出适当响应，以产生更好的欺骗效果，既增加黑客的攻击代价，又帮助我方进行更长时间的监控。不过，相对而言，早期的蜜罐还不够好，比如，交互程度低、捕获攻击信息的能力弱、容易被黑客识破等。

后来，蜜罐发展为更复杂的蜜网，它是由多个蜜罐系统加上防火墙、入侵检测、行为记录、自动报警与数据分析等辅助机制所组成的网络体系。在蜜网中，甚至可用真实的系统来扮演蜜罐角色，从而为黑客提供更加充分的交互环境，也让黑客更难识破假象。总之，蜜网可让我方在高度可控的蜜罐网络中更有效地监视所有诱捕到的攻击行为。

再后来，为了克服普通蜜罐和蜜网监测范围受限等天生弱点，人们又开发了分布式的蜜罐和蜜网。换句话说，通过分布式架构，将蜜罐或蜜网分散部署在互联网中不同地方，从而有效提升安全监测的覆盖面，克服传统蜜罐和蜜网的许多既有缺陷。目前，分布式蜜罐或蜜网已成为网络安全中实施调虎离山之计的主流，特别是在需要与黑客进行频繁交互的场景中，分布式思路更是最佳选择。

蜜罐既可单独使用，也可与其他安全设备配合使用。比如，当蜜罐与入侵检测设备一起使用时，就能更有效地降低黑客攻击的误报率。这是因为蜜罐既不提供任何网络服务，也没有任何合法用户，更不是网络上的空闲设备。因此，入侵检测设备从蜜罐中获得的任何流量都是可疑的，都可以当成黑客攻击的踪迹。又比如，当蜜罐与入侵容忍设备一起使用时，系统的抗打击能力会更强，从而能在遭受攻击时更长久地记录更多的信息，包括但不限于黑客攻击的工具、手段、动机、目的和习惯等。尤其是当黑客使用新手段发起新攻击时，我方收集到这些信息后就能及时调整安全策略，增强保卫能力。此外，入侵容忍还能帮助蜜罐更持久地转移黑客注意力，消耗其攻击资源和意志，增强调虎离山的效果。

蜜罐既能运行于任何操作系统，也能执行任意服务。蜜罐的调虎离山能力主要取决于它的交互能力，即能假装与黑客互动对话的能力或对黑客的行为及时做出尽量合理的响应能力。因此，蜜罐可分为高交互蜜罐和低交互蜜罐。前者能向黑客提供更真实的假象，后者只能模拟真实目标的部分功能，比如，只能模拟部分服务、端口和响应等，甚至都不能假装让黑客获得完整的访问权限。如果黑客发现自己被调虎离山，他可以马上离开蜜罐，重新归"山"。如果黑客连蜜罐也给攻破了，他就可以拿蜜罐当跳板，直接实施进一步的网络攻击。此外，从构造上看，蜜罐可分为物理蜜罐和虚拟蜜罐。物理蜜罐是网上的一台真实服务器，虚拟蜜罐则只是一个能对网络流量做出适当反应的模拟系统。

蜜罐的防护过程大致分为三个阶段：

第一阶段是诱骗环境构建，即通过构建欺骗性数据和文件来增加蜜罐的"甜蜜度"，以此增强对黑客的诱惑力。此外还要通过高仿真甚至是真实系统来提升与黑客的互动能力，从而增加黑客的"黏性"，让黑客长期陷入蜜罐而不愿自拔。

第二阶段是入侵行为监控，即当黑客进入蜜罐系统后，可利用特定的监视器或监控系统密切关注黑客的行为并及时与之交互。此时需要重点监控蜜罐系统的流量、端口、内存、接口、权限、漏洞和文件夹等，以避免黑客攻击造成实际破坏，确保黑客的攻击不会失控。此时的重点监控功能包括模块监控、事件监控、攻击监控、操作监控和活动监控等。

第三阶段是后期处理措施，即充分利用上述监控过程中所获得的数据，借助诸如数据可视化、流量分类、攻击分析、攻击识别、警报生成、攻击溯源和反向追踪等技术，全面了解黑客的实力。比如，基于基础数据，以图表方式展示攻击的统计特征；通过关联度分析，获取入侵行为的电子证据；通过对恶意特征的分类，过滤出恶意用户；通过分析数据包信息，识别潜在的安全威胁；通过水平检测，对黑客攻击进行分类等。总之，后期处理的各项措施将帮助我方收集和分析数据，掌握黑客攻击信息，改善防御方案等。

为了更有效地调虎离山，蜜罐的部署也不能马虎行事。若按地理位置分类，蜜罐部署可分为单点部署和分布式部署。前者将蜜罐系统部署于同一区域，其部署难度小，但作用范围有限，风险感知能力弱。后者将蜜罐系统部署于不同地域，然后利用分布在不同区域的蜜罐来收集攻击数据，因此其数据收集能力强，监控数据全面，能更有效感知总体攻击态势，但部署难度较大，维护成本较高。若按归属特性划分，蜜罐部署可分为业务范围部署和外部独立部署。业务范围部署将蜜罐部署于真实业务的系统内，有利于提高蜜罐诱惑力，但黑客也可能将蜜罐作为跳板，立即调转枪头攻击真实系统，因此需要严格监控和数据隔离。外部独立部署让蜜罐与真实系统相互隔离，避免黑客将蜜罐作为跳板，但降低了对黑客的诱惑力。

上述蜜罐技术将虎（黑客）调离了山（目标系统），让虎待在一个相对固定的地方（蜜罐中），实现虎与山的分离。其实，在网络安全中，还有另一种调虎离山技术，行话叫跳频技术，它也能让虎和山分离，只不过此技术更像是"调山离虎"而非"调虎离山"，即让山（目标系统）突然从虎（黑客）的眼中消失，让老虎找不到山。不过，无论是"调虎离山"还是"调山离虎"，从本质上看它们都是一样的，都实现了黑客与其攻击目标之间的分离。

为了从调虎离山的角度来重新解读跳频技术，我们先介绍一种最简单的情况。若某黑客（虎）盯上了一个正在使用固定频率播放的无线电节目（山），如果他想窃听此节目，他只需将自己的接收机调到这个频率就行了；如果他想破坏这个节目，他只需用这个相同频率发射足够强的噪声信号，就能让其他合法接收者不能正常收听节目。如何对付这样的黑客呢？办法很简单，那就是让合法的通信双方事先约定某种频率变化规则，然后按照该规则不断变换信号的发射频率，或不断地变换"山"。只要收发双方的频率变化能保持足够同步，他们之间的通信就能畅通无阻。可对黑客来说，就算他此时正在"山"上，即正在清晰地窃听节目，但在下一刻，当通信双方的同步频率发生变化后，"山"就突然不见了，黑客（虎）也就听不到任何信号了。具体来说，只要黑客不知道频率的变化规则，"虎"和"山"就会长期分离，黑客的攻击也注定失败。

跳频技术是谁发明的呢？答案可能会出乎许多人的意料。原来，其发明者竟是全球首位全裸出镜的女演员，是电影巨无霸米高梅公司的首席女角，是令无数粉丝疯狂的艳星偶像，是被好莱坞誉为"世上最美女人"的海蒂·拉玛。可惜，她的这项诞生于二战的发明长期被美国作为绝密文件，直到数十年后才公开。直到 1997 年，拉玛才被授予电子前沿基金先锋奖，2014 年才入选美国发明家名人堂，与爱迪生、瓦特和特斯拉等一起成为被后人敬仰的科学家。如今，跳频技术早已不再限于网络安全领域，已成为各种先进手机在 3G、4G、5G 或今后的 6G 等移动网络中所使用的关键技术。

跳频技术的发明过程也非常传奇。原来，早在 1939 年，已是好莱坞巨星的拉玛结识了一位名叫安太尔的音乐家，两人经常讨论各种问题。有一天，两人又坐在一架自动钢琴旁，讨论一个拉玛已经思考多年的如何防止纳粹干扰鱼雷的问题。当时的鱼雷控制信号是固定频率的无线信号，只要纳粹检测到该频率，他们就会用该频率发射干扰信号，让鱼雷失控。这时，安太尔不经意地拍了拍那架钢琴，拉玛却突然灵光一现，大叫道：钢琴！原来，当时的自动钢琴受控于一种打孔纸带：下一刻该敲哪个键，完全由纸带上的预置小孔决定。换句话说，若在鱼雷和指挥台上分别安装这样的"打孔纸带"，每个"纸孔"对应于一个不同的信号频率，则只需保持鱼雷与指挥台间的同步，便能精准地控制鱼雷，同时让敌方不知该用哪个单独频率来实施干扰。

好主意，好主意！两人说干就干，终于在几个月后的 1940 年设计出了一个能对抗单一频率干扰的飞机导航系统，甚至制作了一对打孔纸带。又过了一年，他们完成了相应设备，并正式提交了专利申请书，其中拉玛是第一发明人。一年后，该专利于 1942 年 8 月 11 日被美国批准为绝密专利，它就是如今广泛应用于手机的跳频技术专利。可惜，由于拉玛的前夫是纳粹分子，所以在整个二战中，跳频技术并未真正发挥作用。不过，美军一刻也不曾忘记该专利，早在 20 世纪 50 年代中期，它就被装备到了一种声呐浮标上；在越南战争中，它又被用于遥控驾驶无人机；20 世纪 50 年代后期，它再被广泛运用到军队计算机芯片中；在 1962 年的古巴导弹危机期间，它更被部署到执行海上封锁任务的美国军舰上。

后来随着冷战的结束，美军公开了拉玛的这项专利，跳频思路便广泛运用于蜂窝移动通信等，使得很多人能共享同一频段来收发无线信号。比如，在1985年，一家当时名不见经传的小公司，利用该项发明悄悄研发了CDMA，即3G手机系统；这家当年的小公司，就是后来赫赫有名的全球500强的高通公司。直到1997年，当CDMA走入大众生活并改变了全世界时，科学界才突然想起了当时已经83岁的拉玛，此后她才被誉为"CDMA之母"和"跳频之母"。

# 第 16 计

# 欲擒故纵

逼则反兵，走则减势。紧随勿追，累其气力，
消其斗志，散而后擒，兵不血刃。需，有孚，光。

欲擒故纵之计的原意是，本想捉住他，却故意先放开他，让他放松戒备，充分暴露自己的软肋，然后再牢牢捉住他。此计的原理是：若将对方逼得无路可走，他就会反扑；若先让对方逃跑，则可减弱其气势。所以在追击敌人时，不要逼得太紧，要消耗其体力，瓦解其斗志，待对方士气沮丧时，再果断收网，以避免付出不必要的代价。史上最津津乐道的欲擒故纵典故，当数孔明对孟获的七擒七纵。孔明通过"七纵"，将孟获及其身边势力牢牢地"擒"住了数十年。

在网络安全领域，最具代表性的欲擒故纵技术，当数最近几年突然兴起并席卷全球的勒索病毒。若你不幸中招，将欲哭无泪。比如，你会发现你的某些重要数据，竟被莫名其妙加密了。更可恨的是，黑客还会很客气地留下一封短信，温馨提醒你尽早支付赎金，并承诺一手交钱，一手恢复数据。从此以后，黑客就不再主动联系你，好像已对你彻底放纵，但其实他已将你牢牢擒住，直到你乖乖交出赎金为止，除非你愿意放弃你的数据。许多中招者的最初反应都是很不服气，要么千方百计破译黑客的密码，要么冲到公安局报案，反正总想与那位看不见摸不着的黑客来场决斗，拼个你死我活。可是，黑客压根儿就不接招，甚至不再露面。当然，也许他正躲在一旁，一边品茶，一边欣赏你的痛苦挣扎呢。一段时间后，精疲力尽的你将发现自己根本无计可施，只好束手就擒，老老实实交出赎金。某些好面子的中招者（比如大型安全公司）甚至还会一边坚称绝不向勒索者屈服，一边悄悄地及时足额支付赎金而了事。

在勒索病毒的"故纵"之下，不知有多少受害者都被牢牢擒住了。比如，仅在 2022 年，影响全球的勒索病毒事件就至少有：哥斯达黎加政府被敲诈 2000 万美元；法国巴黎的著名医院 CHSF 被敲诈 1000 万美元；全球排名前 100 的律师事务所 Ward Hadaway 先被敲诈 300 万美元，后来律师也许想与黑客打官司，结果黑客"呵呵"一笑就涨了价，最后成功敲诈 600 万美元；意大利著名铁路公司 Trenitalia 被敲诈

500 万美元；美国麦岭市政府被敲诈 500 万美元；罗马尼亚最大的石油公司被敲诈 200 万美元；澳大利亚第二大电信运营商 Optus 被敲诈 100 万美元；甚至连全球著名芯片公司英伟达也被敲诈 100 万美元。

如果再多回望几年，被勒索病毒欲擒故纵的典型案例就更多了。比如，金额较高的勒索案例有：美国最大的保险公司 CNA 被成功勒索 4000 万美元，计算机巨头宏碁被勒索了 5000 万美元，美国软件开发商卡西亚软件（Kaseya）被勒索了 7000 万美元等。被欲擒故纵降服的名气最大的机构还有波音、本田、佳能、富士康、智利银行、阿根廷电信、阿根廷民政局、韩国网络托管公司、全球最大的肉食品加工商 JBS，以及马斯克的特斯拉和 SpaceX 等。甚至连全球顶级安全专家云集的加州大学旧金山分校也被成功勒索了 114 万美元，此举虽然伤害相对不大，但侮辱性极强。看来，这黑客还真敢在关公面前耍大刀呀！

目前已知的勒索病毒雏形最早诞生于 1989 年。当时勒索病毒是以木马程序的形式进入系统，以开机次数作为激发条件。计算机中招后，当系统启动次数达到 90 次时，该木马病毒就会隐藏磁盘里的多个目录，同时对 C 盘的全部文件名进行加密，导致系统无法启动。此时屏幕上将显示软件许可已过期，要求用户通过指定邮箱支付赎金以解锁系统，恢复计算机的正常工作。

国内首个勒索软件出现于 2006 年，当时的那个勒索木马会隐藏用户文档和包裹文件，然后弹出窗口要求用户将赎金汇入指定银行账号。该木马运行时，还会终止许多正在运行的进程。比如，哪怕中招计算机已装有反病毒软件，勒索病毒也照样横行霸道，甚至干脆杀掉反病毒软件。后来，勒索病毒开始使用更加复杂的 RSA 加密方案，同时密钥长度也不断增加，使得受害者根本无法自行解密，只好认命。再后来，勒索病毒又通过非法设置开机口令来实施敲诈，这对用户的损害更大，因为甚至整个计算机都被变成废铁，除了支付赎金，别无他法。

勒索病毒的第一个高潮出现在 2013 年。这主要是因为当时比特币市场开始兴旺，于是勒索者就可以毫无顾忌地收取比特币赎金，再也不用担心落入警察的法网了。原来，比特币的最大特点之一就是它的不可追踪性，而此前勒索者的最大风险就是去银行提取赎金，毕竟全球银行系统的资金都是可追踪的，理论上只要警察愿意，他们都能顺利追赃。难怪早期的勒索金额不大勒索案例也不多，难怪现在的黑客可以肆无忌惮地以天价频繁勒索任何人，反正被他欲擒故纵后的受害者都得乖乖投降。特别是从 2017 年起，我国竟成了勒索病毒的重灾区。许多医院、高校、企业、政府及个人都纷纷中招，被迫交纳的赎金更是不断突破新高，以至"勒索病毒"竟成了"2017 年度中国媒体十大新词"。

勒索病毒种类繁多，其中最有代表性的主要有：

文件加密勒索病毒，此时中招文件将被加密，过期不交赎金的文件将被删除。

锁屏勒索病毒，此时中招计算机的屏幕会被锁死，屏幕中的所有窗口都不能打开；不过中招计算机的硬盘不会受损，受害者可以用其他计算机来恢复数据。

主引导记录勒索病毒，此时中招计算机的硬盘驱动器会被更改，计算机的正常启动会被中断，硬盘数据可能被彻底销毁。

网络服务器加密勒索病毒，此时中招服务器的文件会被加密，内容管理系统中的某些已知漏洞会被用于释放和安装此类勒索病毒。

针对安卓设备的勒索病毒，其感染原因主要是下载或浏览了不当程序或网页。

攻击类勒索病毒，比如以发起堵塞服务器的拒绝服务攻击为由，勒索中招者。

此外，还有许多威胁类勒索病毒，这些类型的会抓住用户的某些把柄来敲诈用户，比如，声称要公布受害者的某些重要隐私数据等。

与普通病毒相比，勒索病毒既有共性，也有个性。一般来说，此种病毒主要以远程方式感染桌面系统，也会通过海量垃圾邮件来传播，还会利用网站挂马和高危漏洞等方式来广泛传播。比如，若粗心用户使用了弱口令或留下了已知漏洞，黑客便能在获取远程登录权限后将某些勒索病毒植入用户主机，然后悄悄退出，让病毒自行作恶。又比如，若粗心用户在浏览某些网站（特别是色情网站）时，被恶意引诱点击了某些被预先嵌有恶意代码的内容后，某些勒索病毒就会被植入主机，接着用户就会被无情勒索。再比如，若粗心用户在读取电子邮件时随意点击了来路不明的垃圾邮件附件，特别是点击了附件中的奇怪链接，那么其中被预置的勒索病毒便会钻入主机，并在后台默默启动勒索程序。

此外，勒索病毒的传播方式还有很多。比如，黑客的许多恶意软件本来就能获取用户的某些敏感信息，然后在条件成熟时将病毒（当然也包括勒索病毒）植入用户系统。如果网络、系统或应用程序中本来就带有某些漏洞（如微软 445 端口的协议漏洞等），那么某些勒索病毒（如曾经在国内泛滥的 WannaCry）便会借机在网上疯狂传播，大量感染受害者。又比如，勒索病毒会与其他恶意软件捆绑传播，导致用户感染。最后，不可忽略的勒索病毒传播方式还有基于 U 盘等介质的传播、社交媒体传播和网络共享传播等。

在其他特性方面，勒索病毒与普通病毒并无太大区别。只是由于巨大经济利益的驱动，勒索病毒会传播更快、变种更多、更难对付、危害更大、适应平台更广、发动勒索攻击的门槛更低等。

　　网络安全的另一种欲擒故纵技术，称为攻击溯源。顾名思义，该技术的思路是：先任由黑客胡作非为，任由他在网上留下蛛丝马迹，然后再对他进行雪地追踪，构建有针对性的安全防护和反击体系，直到最终抓住他的狐狸尾巴，甚至惩罚其恶行。此种欲擒故纵技术可在很大程度上威胁黑客，约束其攻击行为，改善网络安全的现状。比如，网站攻击溯源的过程就可简化为三步：

　　一是运用防护报警、系统日志和流量统计、网络资源异常和蜜罐等技术，对网站攻击开展捕获，及时发现黑客的攻击行为；

　　二是运用 IP 地址定位、恶意范本解析、ID 号跟踪等技术，溯源黑客的信息内容；

　　三是运用对攻击途径的绘图和黑客个人信息的分类建立黑客画像，最终完成网站的攻击溯源。

　　在一般性地介绍攻击溯源技术之前，先介绍一个真实案例。2022年 9 月 5 日，中国国家计算机病毒应急处理中心发布了一份惊人报告，全面还原了我国西北工业大学长期以来遭受美国网络攻击的情况，披露了美国所用的 40 余种网络攻击武器，列举了美国实施网络攻击的上千条攻击链路，展示了被美国窃取的网络设备配置文件、口令、日志和密钥等大批重要数据，查明了发动该网络攻击行动的代号及其 13 位指挥人和直接攻击者。最后，该报告还明确指出，美国对西北工业大学的攻击，来源于美国国家安全局下属的特定入侵行动办公室。面对如此铁证，美国国家安全局与国务院罕见地表示拒绝回应，这几乎就等于了某种默认。至于这次我国到底是如何欲擒故纵的，此处就不再深究了。

　　为了说清如何攻击溯源，先得说清黑客是如何发动攻击的。一般来说，黑客的攻击链主要有七个环节：

一是侦查目标，此时黑客会充分利用社会工程学了解目标网络的各方面情况。

二是制作工具，特别是制作定向攻击工具，例如带有恶意代码的钓鱼文件等。

三是传送工具，比如，利用邮件、网站挂马和 U 盘将攻击工具输入目标系统。

四是触发工具，利用目标系统的某些漏洞，启动已被植入的攻击工具。

五是远程安装木马，以便黑客长期潜伏在目标系统中。

六是建立链接，通过互联网控制器建立一个与目标网络相连的攻击通道。

七是执行攻击，例如盗取或篡改信息等。

梳理出黑客的攻击链后，就可了解攻击的发生过程，接着就可分析攻击的来龙去脉和确定黑客身份，最后确定谁应对攻击负责，此外还可评估攻击的原因、严重性及恰当的应对方式等。一般来说，溯源技术的要点主要有三个：

一是同源分析。它利用恶意样本间的同源关系发现溯源痕迹，并根据它们出现的前后逻辑顺序判定其来源。比如，通过对恶意代码的同源性分析，就能判断某个恶意代码属于哪一类，与已知恶意代码之间存在什么内在联系等。

二是家族溯源。这里的所谓家族，就是恶意代码在攻防对抗中，经过不断演化和变形而形成的恶意代码族。同族恶意代码之间将拥有许多相同或相似的特征数据及代码片段，因此搞清了恶意代码的家族后，就可借鉴以往对付同族恶意代码的经验来对付该族中的新成员。

三是作者溯源。同一批人创作的恶意代码，一定有相同或相似的某些特征。反过来，只要能定位出这些特征，便能揭示恶意样本间的同源关系，进而溯源到已知的创作者或组织，找到可以利用的经验和教训。

攻击溯源的结果可分为三个层次：追踪到某台机器，追踪到敲击键盘发动攻击的明确个人，或确定最终要为行为负责的某一方等。由此可见，在攻击溯源过程中，溯源技术始终都是基础，它能获取黑客的攻击工具，掌握其攻击技巧和流程，特别是发现黑客的某些操作失误，从而为准确溯源提供有力依据，毕竟黑客的所有行动都会在网上留下痕迹。但溯源并非只是技术问题，比如仅凭技术解决不了"确定责任方"的问题，这时仍需可靠的人力情报和信号情报，需要历史和地缘政治背景的支撑。此外，某些攻击还可能涉及国家的政治利害关系，能否准确发现攻击源，如何点名指责对方，如何评估得失，如何采取处置措施等，都需高层领导的综合决断。至于对其他国家的官方黑客如何追责，更是一个复杂的法律问题，除非黑客的行为触犯了公认的国际法，否则就不能轻举妄动，毕竟一国的法律不能强加于另一国的公民。

总之，准确的网络攻击溯源，需要调动各方的资源和力量，也是对决策者综合能力的考验，毕竟攻击手法、恶意软件或意图等单一因素都不能决定责任方。技术上的欲擒故纵，必须服从政治上或更高层次上的欲擒故纵。

第 17 计

# 抛砖引玉

类以诱之，击蒙也。

作为一个成语，抛砖引玉意指抛出砖头，引回白玉，其中"砖"和"玉"只是同类事物的一种比喻。比如，用自己的粗浅意见，引出别人的高明见解。作为一个计谋，抛砖引玉意指用类似的事物去迷惑对方，使其上当，从而达到已方目的。比如，用诱饵钓鱼，先让鱼儿尝到甜头，再让它上钩。此计中的"抛砖"只是手段，"引玉"才是目的，即让对方顺从我方意愿。其实，迷惑对手的最妙之法不是让他感到似是而非，而是以极其类似的东西来以假乱真。比如，若用旌旗招展或鼓声震天来诱敌，就属似是而非，往往难以奏效；若用老弱残兵或丢弃粮草来诱敌，就属"类同"之法的抛砖引玉，就更容易迷惑对手，这是因为类同之法更容易让人产生错觉，导致误判。此计若想生效，施计者必须充分了解对方，包括对方的诉求、能力、心理和性格等，否则根本引不来"玉"。从古到今，无论在战场上还是在日常生活中，抛砖引玉的案例有很多，甚至许多人将该成语当成了口头禅，所以此处就不再赘述了。

在网络对抗中，从"引玉"的诱惑角度来看，黑客的钓鱼攻击和前面第15计中介绍的蜜罐都是非常形象的抛砖引玉技术，只不过蜜罐的上当者是黑客，而钓鱼攻击的上当者则主要是普通网民，以致钓鱼攻击已成为当今最令人防不胜防的黑客攻击手段之一。粗略来说，所谓的"钓鱼攻击"就是黑客利用电子邮件等电子手段来伪装某种权威身份，以此获取目标人员的敏感信息。钓鱼攻击的抛砖引玉过程可以分为如下三个步骤：

第一步，准备诱饵。为了提高诱饵对目标人群的诱惑力，黑客一般要充分了解对手，以便有的放矢。比如，若已知目标人群的电子邮箱和隶属关系，便可冒充其领导或同行，从而更容易获得对方信任。若已知目标人群的人性弱点，便可对贪财者用中奖或涨工资等机会来当诱饵，对胆小怕事者可用牢狱之灾或涉嫌犯罪来当诱饵，对害怕麻烦者则可用私了或提供担保来当诱饵等。当然，诱饵中还必须藏有鱼钩，比如某些有待网民点击的特殊链接等。

第二步，抛诱饵或抛"砖"。这也是整个钓鱼过程中技术含量最高的环节。比如，黑客若是低级"渔夫"，他将会用陌生身份和外部邮箱直接群发钓鱼邮件，这就很容易被用户当成垃圾邮件而删除，导致本次钓鱼失败。黑客若是中级"渔夫"，他将冒充某单位的高管、权威和贵客等身份下发钓鱼邮件，且其邮箱地址与目标单位的公用邮箱地址很相似，很容易以假乱真。不过，若该单位的安全检测能力足够强大的话，这样的钓鱼邮件将被自动删除或特别标注。黑客若是高级"渔夫"，他将利用邮件系统自身的安全漏洞来绕过既有的安全检测等防护措施，并在各方面都几乎足以鱼目混珠，很容易让目标人群"咬钩"。

第三步，收网或"引玉"。黑客成功获取咬钩者的重要隐私信息。有些"渔夫"一次只钓到少数几个网民，有些"渔夫"则可能一次钓到批量网民。比如，国内一家著名网络公司的几乎全体员工都于 2022 年 5 月 24 日自愿"咬钩"，被黑客"钓"走了包括系统口令等在内的许多重要隐私信息。原来，这位黑客竟然冒充该公司老总，通过群发邮件向员工宣布了涨薪喜讯，大家自然迫不及待，争相点击附件查看自己的"工资单"，从而让黑客成功"引玉"。

钓鱼攻击的原理非常简单，它是一类典型的社会工程学攻击法，或形象地说，钓鱼攻击是一种典型的坑蒙拐骗之术。作为一种抛砖引玉计谋，若从抛撒诱饵的技巧上看，目前最具代表性的网络钓鱼及其防范措施主要有下面六种：

一是电子邮件钓鱼。这是最常见的欺骗性网络钓鱼攻击之一。黑客通常以知名企业的名义向潜在受害者群发附有危险链接的电子邮件。当你点击该链接后，就会被进一步要求做某些事情，比如，让你填写假冒网站的登录信息或将恶意软件植入你的计算机等。此处的假冒网站看似非常专业，与所冒充的企业几乎一样。此处电子邮件的内容也往往颇具真实感和紧迫感，使得你必须仓促响应，从而泄露自己的重要隐私信息。

此类钓鱼的预防并不难，只需注意分辨真假"李逵"就行了。实际上，此时黑客的邮件地址和内容的假冒手法并不高明，主要利用字母拼写、标点和语法等方面的一些视觉雷同，比如，用小写字母"l"代表阿拉伯数字"1"等，而这些视觉类同显然不能蒙蔽机器。此外，邮件钓鱼的附加链接通常都很短，只要你稍有防骗意识，就不难发现可疑之处。

二是鱼叉式网络钓鱼。此类"渔夫"不会盲目地发送海量钓鱼邮件，他会事先通过各种渠道收集"鱼"的信息，然后有针对性地发出恶意邮件。例如，若你最近多次搜索过招聘信息，他就可能以猎头公司的名义发来钓鱼邮件，诱你上当。因此，鱼叉式网络钓鱼的目标性更强，黑客的成功率更高。

预防此类钓鱼攻击的责任并不局限于受害者个人，相关企业也必须加强自己的安全检测措施及早发现可疑邮件和链接，甚至直接删除鱼叉式钓鱼邮件，毕竟普通员工在面对"老板"来信时通常都会习惯性地立即响应，而企业的安全中心当然有义务杜绝此类"李逵"混入内部邮件系统。此外，鱼叉式钓鱼邮件常常会要求你输入用户名和密码等，只要你有足够的安全意识就能直观地感觉到有点不对劲。

三是语音电话钓鱼。此时黑客会冒充政府部门或银行等合法机构的职员，直接与你通话或给你播放自动语音，其目的就是引诱你采取某种行动，比如，登录恶意系统或回复验证码等，以此骗取你的敏感信息。在电话钓鱼中，黑客特别重视时机的选择，往往会在你最忙或压力最大的时候打来电话，让你乱中出错，在高度紧张的情况下仓促行事，落入圈套。

针对此类钓鱼攻击，电信运营商有义务把好安全关，毕竟此类骗子几乎都是惯犯，其身份也很容易标记在来电显示中。此外，针对不明来电的过分要求，你也该有所保留，避免上当。

四是短信网络钓鱼。此类钓鱼与语音电话钓鱼类似，只是电话被短信代替了而已。此类钓鱼还与电子邮件钓鱼异曲同工，黑客会从看似合法的来源发送文字和链接，当你不小心点击这些链接后，你的移动设备可能就会被恶意软件感染。钓鱼短信的主题也会集中于利诱或威逼两方面，毕竟黑客的最终目标通常都是骗钱。此类钓鱼的预防方法与电话钓鱼大同小异，不再复述。

五是鲸钓式钓鱼。此时黑客会精心准备，甚至是以企业老板的身份来引诱本企业员工上当。此类钓鱼能否成功，主要取决于黑客对老板身份及其行为的模仿是否有破绽。如果真老板从来不与员工直接互动，假老板的邮件本身就值得怀疑。如果真老板是美女而假老板却冒充成了帅哥，此次钓鱼就肯定会无功而返。此类钓鱼也适用于黑客冒充你的同事或朋友。预防此类钓鱼的方法其实也很简单，只需要平时多加注意，多了解自己的企业、老板和同事就可避免了。

六是域名欺骗。这是一种隐蔽性很强的钓鱼攻击，此时黑客早已劫持了你的域名服务器，只要你输入网址后，被劫持的服务器就会将你强行重新定向到恶意钓鱼网站的网址。不过，这些钓鱼网站常用超文本传输协议（HTTP）而非其安全版（HTTPS）开头，其网页外观也明显粗糙，只要你稍加警觉，就不难识破了。

此外，抛砖引玉的钓鱼攻击至少还有：克隆网站钓鱼，即克隆一个你经常访问的网站，伺机下手；恶意孪生钓鱼，此时黑客事先设置了一个伪基站，待你连接后，就能窃听你在网络传输的数据，获取账户名和密码，查看实时访问情况等。

在网络安全领域，收益最好的抛砖引玉之举，可能当数人才培养。它能将网络安全的外行（砖）培养成内行（玉），或将具备良好基础知识的兵（砖）培养成高端的将（玉）。目前，我国网络安全人才培养的途径主要有下面四个：

一是学历教育，这是培养高端人才的重要途径。自 2001 年国家批准信息安全专业以来，我国已有百余所高校设置了信息安全类本科专业。2015 年，国家又将网络空间安全正式设立为一级学科，这就为全面提升我国的网络安全水平奠定了坚实基础。事实上，我国的网络安全基础理论已经较为成熟，比如，已有明确的学科方向，已形成了以《安全通论》为代表的相对独立的核心理论，已建立了以《博弈系统论》为代表的黑客行为精准预测攻防模型，已开创了以《黑客心理学》为代表的跨学科新领域，已形成了以密码学及应用、系统安全、网络安全等为代表的二级学科体系。

二是安全竞赛。网络安全具有很强的实践性，高校培养的人才和企业的实际需求还存在一定差距，为了满足企业对安全人才的需求，高校师生和安全界的同仁都应积极参加网络安全技能竞赛。通过竞赛，查不足，补短板，激发大家的学习热情，增强学习的针对性。高校可以与网络安全相关度高、需求迫切的企业建立长期对口合作关系，甚至根据企业实际需求培养学生的实践能力。

三是单位内训。高校毕业生进入社会后，需要快速融入企业，掌握本岗位所需各种技能，因此需要对安全从业人员进行培训。很多单位采用在线授课和面授等方式组织单位内部的网络安全培训，快速提升企业员工的安全技能，让大家紧跟国内外最新的安全技术发展趋势，了解典型的安全热点事件，甚至通过适当的简化与还原，为单位内训提供与时俱进的创新型实践环境。

四是持续教育。这是提高安全从业人员整体水平，解决专业人才缺口的重要方法和途径。国内的网络安全培训机构正在逐年增多，特别是在安全认证培训方面已建立了多层次的综合性与专业性相结合的体系，从数量到质量都得到长足发展。通过开展面向网络安全认证的专业持续教育培训工作，极大提高网络安全认证相关人员的执业水平，保障了网络安全认证队伍的质量和数量。

目前，我国网络安全人才培养的优势主要体现在下面三个方面：

一是已建成了体系化的网络安全教材。教材是教学的基础，体系化的教材建设需要制定科学合理的编写方案，需要邀请高水平学者加入编委会，需要明确分工，需要层层把关，才能做好教材的编纂、评审和发行工作。此外，我国还开发了丰富多彩的视频教学资源，推动了传统教材向多媒体互动式教材的转化，加强了入门性、普及性和相关科普读物的编写工作。

二是已拥有专业化的师资队伍。新设立的网络安全一级学科和学院，都需要大量高水平师资。针对一些高校缺乏教师的情况，我国已采取多种灵活方式对高校网络安全教师开展在职培训。鼓励与国内外大学、企业、科研机构在网络安全人才培养方面开展合作，尽可能多地在全球范围内挖掘网络安全人才。支持高校大力引进国外网络安全领域的高端人才，重点支持青年骨干教师出国培训进修。积极创造条件，聘请经验丰富的网络安全技术专家、管理专家和民间特殊人才担任兼职教师。鼓励高校有计划地组织网络安全专业教师到相关企业、科研机构和国家机关进行科研合作或挂职。鼓励和支持符合条件的高校承担国家网络安全科研项目，吸引优秀教师参与国家重大项目和工程。

三是已建成系统化的实践体系。网络安全是一门综合学科，不仅具有很强的理论性，也具有很强的实践性，许多安全技术与手段都需要在最新的仿真实践环境中去认识和体会。为了提高学生维护网络安全的实际能力，需要结合课程内容，设计逼真的网络攻防环境，搭建基于网络对抗的仿真模拟演练平台。只有进行系统化实践，才能培养出具有丰富理论知识和良好实践技能的应用型人才。

　　总之，我国的网络安全人才培养任重道远，必须再接再厉，尽最大努力把普通的"砖"引为宝贵的"玉"。

# 第 18 计

# 擒贼擒王

摧其坚，夺其魁，以解其体。龙战于野，其道
穷也。

作为一个成语，擒贼擒王是人们根据杜甫《前出塞》诗中的"射人先射马，擒贼先擒王"一句凝结而成的，其原意为捉拿坏人要先捉住其头目，后来比喻行事要抓住要领，只要解决了主要矛盾，次要矛盾就会迎刃而解。作为一种做事原则，擒贼擒王的思想普遍适用于很多场景。与此成语同类的说法也有很多，比如提纲挈领、纲举目张和打蛇打七寸等。作为一个军事计谋，擒贼擒王意指先消灭敌军首领，借此动摇其军心，进而取得全面胜利。毕竟"贼王"是敌人的主心骨，擒住了"贼王"，敌人就会群龙无首，树倒猢狲散。如果缺乏全局观，只是为了暂时的一点局部小利而错失"擒王"良机，无异于放虎归山，后患无穷。

擒贼擒王当然也是网络对抗中的一个关键计谋，即使你有足够的实力可以"擒王"，但你若不能准确判断到底哪个才是"贼王"，那么此计对你来说就形同虚设。毕竟，网络对抗只是你与众多黑客之间的远程的无身体接触的信息交互，你甚至都不知道你的交互对象到底是什么，更难判断他是不是"王"了。毕竟，针对同一个网络或信息系统，若攻防的目的不同，相应的"贼王"也就不同，"擒王"的策略更会不同。比如，你若想彻底搞瘫某个信息系统，那么首选的"贼王"可能就是能源系统，首选的"擒王"策略可能就是断电；你若想进入该系统，首选的"贼王"可能是该系统的管理员，首选的"擒王"策略可能是获取管理员的权限；你若想读懂进出该系统的数据流，首选的"擒王"策略可能就是分析各种数据协议或破译密码；你若想跟踪进出该系统的黑客行为，首选的"擒王"策略可能就是数据审计和溯源；你若想阻止黑客进入该系统，首选的"擒王"策略可能就是安装防火墙或加强边界防护等。

实际上，全球所有黑客和网络安全专家都在瞄准各自认定的"贼王"，执行着自己认定的"擒王"策略。在同等实力的情况下，谁的擒贼擒王策略运用得好，谁就是赢家；谁若错判了"贼王"，谁就会徒劳无功。因此，实施擒贼擒王之计的难点和重点其实是"贼王"的判断问题，这可能也是网络对抗与现实战争的主要区别之一，毕竟后者的"贼王"很直观，比如，司令部肯定就是重要的"贼王"，敌国元首更是最大的"贼王"。难怪在现代战争中，斩首行动已变得越来越重要，特别是在俄乌冲突刚开始时，在各种黑客手段的帮助下，俄罗斯大批将军被精准斩首，不但再次表明了擒贼擒王之计的威力，更展示了黑客不但可以在网上擒贼擒王，还可以协助导弹在传统战场上擒贼擒王。

为了避免过于专业的网络安全知识，也为了不影响趣味性，现在就来介绍黑客在俄乌冲突刚开始时擒贼擒王的某些真实案例。

据不完全统计，俄乌冲突刚进行几个月就首开了战争史上的惊人先例，十余位俄罗斯将军竟在战场上被闪电式消灭。相比之下，在漫长的 20 年阿富汗战争中，美方却只有一位将军阵亡，且还是死于内讧。

起初，人们对俄乌冲突中如此众多的将军阵亡感到十分不解，直到相关方面公布了真相后才恍然大悟。原来，乌克兰及其盟国的黑客窃获了大量实时情报，让俄罗斯军队的将军在战场上刚一露面，就成了导弹的靶心。更奇怪的是，这些情报有些来自黑客对公开信息的大数据挖掘，有些也来自传统的侦察方法（如间谍飞机和间谍卫星等），更多的情报则是来自欧美与乌克兰的战略情报分享系统。

作为苏联的一部分，乌克兰为什么能进入欧美的战略情报分享系统呢？这其实又是几年前的另一场网络战争的产物。原来，早在 2015 年，俄罗斯曾对乌克兰发动过一次大规模的网络攻击，致使乌克兰的许多电网瘫痪，造成巨大损失。可哪知，此次黑客事件却促成了乌克兰与欧美国家的深度信息合作，从而为此次俄罗斯军队的将军大批阵亡埋下伏笔。比如，俄罗斯刚打响第一枪时，乌军就知俄罗斯军队（简称俄军）空降兵将占领基辅附近的一个重要机场，于是便在那里守株待兔，成功击落了俄罗斯运输机，导致众多俄军伞兵坠亡他乡。更意想不到的是，乌军还赶在俄军之前，将阵亡消息精准地逐一通知了俄军家属，从心理上又给了对方一次沉重的打击，又演绎了一次擒贼擒王。毕竟"人"才是最大的"王"，而"人心"则是王中之王，难怪要说"攻城为下，攻心为上"，难怪需要看看《黑客心理学》。总之，乌军情报已精准到令人咋舌的程度，不但能预判俄军的调动情况，还对俄军指挥部的转移了如指掌，这就为擒贼擒王奠定了坚实的信息基础，剩下的任务只需交给导弹就行了。

与乌军黑客的优势地位相比，俄军对网络攻防的重视程度明显不够，甚至出现了重大纰漏。比如，俄罗斯没能彻底摧毁乌克兰的网络系统，无论民用还是军用，乌克兰的通信都始终保持着基本畅通，这当然也与马斯克的"星链"系统有关。于是，仅仅是乌克兰平民有意无意公布的自媒体信息，就能让俄军暴露在太阳之下，陷入海量信息的汪洋之中。另外，俄军自己的网络事故不断，多次被乌军钻空子，频频给自己引来灭顶之灾。有人说俄军之所以没有彻底炸掉乌克兰的通信网络，主要是因为俄罗斯的既定目的是想占领乌克兰，因此不想把对方打得稀巴烂，以免庞大的战后重建负担。如果此说为真，那么俄罗斯就更应该好好学习一下擒贼擒王之计，因为他们刚好犯下了擒贼不擒王的严重错误，仅仅是为了保住一粒小芝麻，竟然就丢失了一个大西瓜。

俄军的另一个严重错误是，不重视信息保密工作。不知为何，俄军的许多无线电通信都采用了明码传输，根本没有使用任何密码；即使有个别指挥官采取了安全措施，他们所使用的密码算法也被乌军黑客轻松拿下。于是，乌军经常精准拦截并破译俄军的无线电密码，这让乌军在知己知彼方面又获得加分。比如，俄军指挥部的定位信息经常被泄露，以致除了大批将军阵亡，被乌军摧毁的俄军移动指挥部竟高达数十个之多。为此，俄军营级战术组的指挥与控制经常陷入混乱；俄军炮兵本该收到的开炮命令经常被干扰，以致该开炮时却毫无反应；甚至乌军还能用假消息来迷惑俄军，让俄军不知所措。

俄军的战场通信之混乱也出人意料。比如，有人使用的是正规的军用无线通信设备，有人使用的是基于民用 3G 或 4G 的通信系统，甚至还有人使用的是极易窃听的商用手持对讲机。这不但让俄军彼此之间的通信兼容性很差，也使得俄军不能大规模使用加密手段，否则俄军自己就无法解密，造成新的通信障碍。又比如，在攻克乌克兰第二大城市时，俄军好不容易才下决心摧毁了该城的手机信号塔，结果却发现自己部队中的许多手机都瘫痪了，自己的战场指挥系统更乱了。难道俄军不知道自己在乌境内的军事通信严重依赖于民用系统吗？难道俄军不知道这样做等于主动向对方提供情报吗？这简直是匪夷所思，俄军显然忽略了"贼"与"王"之别，显然没重视擒贼擒王之计！

不仅是上层官员，俄军的普通士兵也极不重视网络对抗，甚至缺乏基本的信息安全常识。比如，有的士兵竟带着自己的手机上战场，还一边打仗，一边发朋友圈，这几乎等于为乌军送上了电子间谍；若再结合该士兵的战前社交信息，乌军便可了解俄军的兵源情况，为随后的舆论战提供有力炮弹。有的士兵在战场上随意拨打电话，甚至向远方亲友抱怨自己吃不上热食，没有烤火炉子，还睡在战壕里等。这就为乌军了解俄军士气提供了一手资料，更为借机丑化俄罗斯国际形象提供了素材。同时，有的俄军士兵使用缴获的乌克兰手机，这无异于将自己变成一枚遥控人体炸弹。当乌克兰高层知道这一情况后，简直高兴得快疯了，于是俄军将军被斩首的可能性又增加了一层。

如何破解对方的擒贼擒王策略呢？其实思路很简单，那就是对小王和大王等不同级别的王，进行不同力度的保护，让对方擒不住想擒之王。为此，全球各国都针对自己的特殊情况，制定了各自的网络安全等级保护（简称等保）策略。比如，根据《信息安全技术 网络安全等级保护基本要求》，我国的网络安全力度从低到高，共分为五个等级。

第一级，自主保护级。这是等保的最低级别，此时无须测评，用户只需提交相关申请资料，公安部门审核通过即可。

第二级，指导保护级。这是目前使用得最多的等保级别，其适合范围是这样的信息系统，当它们受到破坏后，虽然会对公民、法人和其他组织的合法权益产生严重损害或对社会秩序和公共利益造成损害，但并不损害国家安全。比如，地级市各机关和企事业单位的应用系统、服务平台和网站等都属于该等级。

第三级，监督保护级。其适合范围是这样的信息系统，当它们受到破坏后，会对社会秩序和公共利益造成严重损害或对国家安全造成损害。比如，银行官网和省级国家机关和企事业单位的内部重要信息系统都属于该等级。

第四级，强制保护级。它适用于重要领域中涉及国家安全和国计民生的核心系统，比如，中国人民银行就是目前我国唯一四级等保的央行门户集群。

第五级，专控保护级。它是目前我国最高级别的等保，一般应用于国家机密部门。

无论哪个级别，无论等保对象以何种形式出现，等保的内容都会涉及以下十个基本方面。

一是安全物理环境。主要对象为物理机房的环境、设备和设施等，所涉及的安全控制要点包括物理位置的选择、物理访问控制、防盗窃和防破坏、防雷击、防火、防水和防潮、防静电、电力供应、电磁防护和温湿度控制等。

二是安全通信网络。主要对象为广域网、城域网和局域网等，所涉及的安全控制要点包括网络架构、通信传输和可信验证等。

三是安全区域边界。主要对象为系统和区域边界等，所涉及的安全控制要点包括边界防护、访问控制、入侵防范、安全审计、可信验证和恶意代码防范等。

四是安全计算环境。主要对象为边界内部的所有对象，包括终端、服务器、应用系统、网络设备、安全设备和其他设备等；所涉及的安全控制要点包括身份鉴别、访问控制、安全审计、入侵防范、可信验证、数据完整性、数据保密性、恶意代码防范、剩余信息保护、个人信息保护和数据备份与恢复等。

五是安全管理中心。它针对整个系统提出安全管理的技术控制要求，通过技术手段实现集中管理。所涉及的控制要点包括系统管理、审计管理、安全管理和集中管控等。

六是安全管理制度。它针对整个体系提出制度上的安全控制要求，所涉及的安全控制要点包括安全策略和管理制度的制定、发布、评审和修订等。

七是安全管理机构。它针对整个组织架构提出安全控制要求，所涉及的安全控制要点包括岗位设置、人员配备、授权和审批、沟通和合作以及审核和检查等。

八是安全管理人员。它所涉及的安全控制要点包括人员的录用、离岗、安全意识教育和培训以及外部人员的访问管理等。

九是安全建设管理。它所涉及的安全控制要点包括定级和备案、安全方案设计、安全产品采购和使用、自行软件开发、外包软件开发、工程实施、测试验收、系统交付、等级测评和服务供应商管理等。

十是安全运维管理。它所涉及的安全控制要点包括环境管理、资产管理、介质管理、配置管理、密码管理、变更管理、漏洞和风险管理、网络与系统安全管理、设备维护管理、应急预案管理、外包运维管理、备份与恢复管理、恶意代码防范管理和安全事件处置等。

此外，针对特定应用场景，安全等保还有若干扩展要求。比如，在云计算场景中，等保的内容需扩展到基础设施的位置、虚拟化保护、镜像和快照保护、云环境管理和云服务商选择等方面。在移动互联场景中，等保内容需扩展到无线接入点的物理位置、移动终端管控，以及移动应用的管控、软件采购和开发等。在物联网场景中，等保内容需扩展到感知节点的物理防护、设备安全、数据融合和管理，以及网关节点设备的安全处理等。在工业控制系统中，等保内容需扩展到工控架构安全、拨号控制、无线控制，以及室内外控制设备的安全防护等。

总之，只要等保工作做得足够好，对方肯定就不愿意花大价钱去擒小王了。

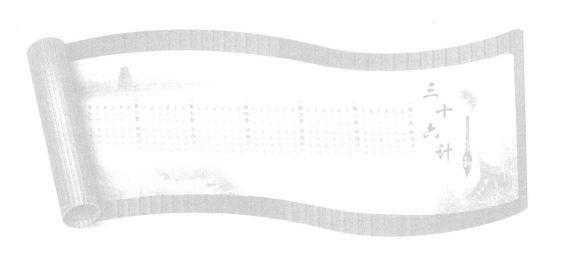

# |第四套|

# 混　战　计

混战计是《三十六计》中的第四套计谋，主要用于敌友难分的混战场景，也是劣势方或守方需要特别重视的计谋，具体包括釜底抽薪、浑水摸鱼、金蝉脱壳、关门捉贼、远交近攻和假道伐虢（guó）等六计。它们的精髓就在于"混"，准确地说，是要让对手"混"而自己保持"清"，让对手摸不着头脑，乱其心志，然后引诱其按自己的意图行事，从而达到我方的目的。

从"混"的角度看，传统战争与网络对抗简直就不属于同一档次。想想看，就算是在"天下大乱，军阀混战"的年代，彼此对抗的军阀数量也非常有限；哪怕是世界大战，各参战国也会最终凝结成少数几个同盟。但在网络对抗中，彼此对抗的混乱程度几乎能达到人类社会的极致，因为每个人都可以向全球任何人发起进攻，也可能遭受来自任何人的攻击，还可以拥有多重身份，一会儿是用户，一会儿是攻方，一会儿又是守方。但非常意外的是，如此混乱的网络对抗，竟然真的会演化出"清"的状态。比如，在拙作《安全通论》中，我们已严格证明：无论有多少个彼此对抗的参与方，无论各方的利益追求是什么，只要他们的对抗足够混乱，那就一定存在一种各方利益均已最大化的最佳状态。又比如，在拙作《博弈系统论》中，我们已严格证明：无论各方彼此对抗的情况有多么复杂，各方的行为轨迹其实都是可以精准预测的。

如何理解网络对抗中的"混"与"清"呢？表面上，网络攻防各方的目的好像各不相同，但这些千差万别的目的背后，其实都隐藏着一个真实而相同的最终目的，那就是经济利益。正可谓"天下熙熙，皆为利来；天下攘攘，皆为利往"。当然，这里的经济利益，既可能是直接的，也可能是间接的；既可能是显性的，也可能是隐性的；既可能是当前的，也可能是未来的；既可能是战术的，也可能是战略的。比如，今天的攻防活动，可能是为了明天的经济利益；甲地的攻防活动，可能是为了乙地的经济利益；对张三的攻防活动，可能是针对李四的经济利益等。如果从长期的全局性战略角度来考虑的话，网络对抗所追求的这些经济利益还是可以量化的，这也就为网络对抗中的"混"与"清"研究提供了量化基础。

如果避开复杂的理论推导不谈（详见《安全通论》和《博弈系统论》），与网络对抗最相似且又为大家所熟悉的模型可能当数经济学模型，更准确地说是数量经济学模型。实际上，只需将讨价还价过程看成网络攻防过程，将买卖双方看成攻方与守方，将买卖双方最终达成的协议看成攻守双方对抗的最终结果，那么，自由市场经济的混乱程度就足以模拟网络对抗乱象了。你看，每个人都有多重身份，既可以是买方，也可以是卖方；每个人都可以将自己的资源卖给任何人，每个人还可以从任何人那里买回自己需要的资源，每个人都有自己的心理价位和妥协的弹性幅度等。

数量经济学模型不但模拟了网络对抗的"混"，还模拟了网络对抗的"清"，这便是本套混战计适用于商场竞争的原因所在。实际上，早在200多年前，亚当·斯密就宣称：每个人都试图获得最大经济价值，并不企图增进公共福利，也不清楚增进的公共福利有多少，他所追求的仅仅是他个人的安乐，个人的利益，但当他这样做的时候，就会有一双看不见的手引导他去达到另一个目标，而这个目标绝不是他所追求的东西。由于追逐他个人的利益，他经常促进了社会利益，其效果比他真正想促进社会效益时所得到的效果还大。

总之，哪里有充分混乱的竞争，哪里就有"转混为清"的那只看不见的手！在经济学领域，那只看不见的手，只需通过调节一个指标（价格），就能让博弈各方的利益达到最大化。同样，在网络安全领域，那只看不见的手，也只需通过调节另一个指标（安全熵），就能让参与网络对抗各方的利益也达到最大化。

第 19 计

# 釜底抽薪

不敌其力，而消其势，兑下乾上之象。

釜底抽薪的直观含义是指，从锅底把柴火抽掉，断绝能源，使其无法加热。比喻做任何事，都要先认清并抓住重点，从根本上解决问题。或者说，"扬汤"式"止沸"只是应急，只能治标，不能治本；而釜底抽薪才能彻底"止沸"。此计最早出自东汉班固《汉书》中的这样一句话：欲汤之沧，一人炊之，百人扬之，无益也，不如绝薪止火而已。后来，北齐的《为侯景叛移梁朝文》又将它凝结为：抽薪止沸，剪草除根。再后来，釜底抽薪就成了一个成语和兵法计谋。

与擒贼擒王之计类似，在网络对抗中，运用此计的重点和难点都在于准确判断何为"薪"，或者说，在现有实力的情况下，何为自己能以最高性价比抽出的那个"薪"。在运用釜底抽薪之计前，一般来说"釜"是很清楚的，它就是网络对抗中的那个目标系统，而"薪"却十分隐蔽，它甚至是攻防双方重点寻求的靶子。如果将"非薪"误判为"薪"，你当然无法"抽薪"，更不能止沸，就像攻入蜜罐的黑客那样；如果将"小薪"误判为"大薪"，那么"抽薪"后的止沸效果也不会好，就像那些试图通过"删帖"来封锁网络舆情一样；如果将"大薪"误判为"小薪"，你可能根本没实力抽出该"薪"，自然也不能止沸，就像你试图单枪匹马采用断电方法去攻击一个超级大国那样。

由于很难在科普层次上从正面描述釜底抽薪的各种网络对抗技术，毕竟不同的网络系统就有不同的"薪"，不同的攻防方案也对应于不同的"薪"。如果仅仅是简单罗列各种"薪"的目录，那就太零乱了。所以下面从反面来描述网络对抗中的釜底抽薪之计，即如何构建一个网络安全保障体系，使得它固若金汤，使得黑客很难接近"釜底"，因此就更难"抽薪"了。

针对一个网络系统，特别是大型的面向公众服务的网络系统，该系统的运营者或所有者在防止被黑客"抽薪"方面扮演着关键角色，同时也对其普通用户承担着相应的责任和义务。比如，运营商必须遵守国家相关法律、法规、条例和标准，采取先进的技术措施和其他必要手段应对网络安全事件，防范网络攻击和违法犯罪活动，保障网络系统的安全稳定运行，维护数据的完整性、保密性和可用性等安全特性。具体来说，运营者至少应该从三方面构建完整的安全保障体系。

一是抓好安全管理，设立专职的安全管理中心，围绕制度、组织、人员、建设和运维等方面，落实相关安全措施。

二是用好先进技术，建立基于多重保护的安全技术体系，特别是在增强风险识别、安全防护、检测评估、监测预警、事件处置等能力方面，更应多下功夫。

三是做好法律、技术与管理的完美融合，确保人力、财力和物力的投入，努力构建天衣无缝的网络安全保障体系。

在预防被黑客釜底抽薪方面，安全管理的重要性可能出乎许多人的意料。实际上，网络安全是"三分技术，七分管理"，而管理的基本架构至少应该包括专门机构、主要负责人、管理责任制、事前预防机制、事中响应机制、事后评估和审计跟踪机制等，安全管理措施至少应该包括下面五个方面：

一是安全管理体系建设。按照计划、实施、检查、改进的管理周期，运用风险管理的思想建设安全管理体系，围绕安全管理的制度、机构、人员和运维等方面，制定具体的安全管理目标和控制措施。

二是强化关键岗位工作人员的职责，特别是严格管理关键人员的录用、离岗、安全意识教育和培训，严格管理关键岗位的人员来访制度。比如，必须对主要负责人和关键岗位负责人进行安全背景审查，重点关注其价值观、工作经历、求职动机、个人作风、教育背景、专业技能和心理素质等，避免"问题人士"进入关键岗位。

三是充分发挥安全管理机构的作用，明确其在安全保护工作中的职责。比如，要求安全管理机构及时建立健全的安全制度，制定安全策略和方案，认定关键岗位，加强安全能力建设，定期执行安全检测和评估等。安全管理机构的职责至少应该包括授权和审批、沟通和合作、审核和检查等，确保各项安全措施能够全面融入信息系统的设计、建设、运行、维护等全生命周期。

四是强化安全监测和评估机制，提升安全建设的迭代升级能力和安全事件应急处置能力，充分重视安全监控、应急演练、安全检测和风险评估等工作。不仅要强化风险意识，还要主动定期开展检测和评估工作，对发现的安全问题进行及时整改，该纠错时就要及时纠错，该升级时就要及时升级。还要重视应急管理，按照国家规定，制定应急预案，定期开展应急演练，处置网络安全事件。

五是确保重要安全制度得到圆满落实。除制定常规的安全策略、管理制度、操作规程和记录表单等规章外，还应建立健全网络安全管理和评价考核制度，针对网络系统的实际运营情况，重点关注个人信息和数据安全保护、网络产品和服务采购管理、网络安全事件应急处置和安全保密管理等方面的制度。此外，还应建立网络安全事件和重要事项报告制度，保证及时上报，绝不瞒报或漏报。

从技术上看，网络安全保障体系的建设至少要重视下面五个方面：

一是不但要确保网络系统的物理安全，还要建立以安全管理中心为核心，以区域边界安全和通信安全为基础，以计算环境安全为支撑的完整的网络安全保障体系，形成系统的、立体的、动态的安全保障能力。

二是强化安全可信技术的应用，推动技术体系的全面创新，确保所使用的安全机制和技术的可靠性、透明性和可信验证能力。特别是加强可信性审查，比如，所用产品和服务的安全性、来源的风险性和渠道的可靠性等。

三是强化实战能力建设，让网络安全逐渐走向实战化。从防护能力建设角度看，网络安全保障体系的所有者应从顶层设计出发，采取动态防御、主动防御和纵深防御的安全策略，分析使用中可能面临的各种威胁和潜在风险，部署多层次的立体化安全防护措施，强化实战中的威胁应对能力和安全防护能力，形成整体防控、精准防控、联防联控的安全防护体系。

四是充分利用人工智能的最新成果，增强安全防护能力的智能化。比如，采用多层次的安全技术措施，利用网闸、防火墙、安全网关、恶意代码防范等传统安全技术，通过网络隔离、访问控制、数据备份等措施落实底层防护。同时，针对云计算、物联网、大数据和移动互联网等新型网络环境的新型威胁，认真分析相关的网络特性、协议格式和平台架构等，然后为它们量身定制相应的安全保护措施。最后，还需积极开发基于大数据、区块链和人工智能的安全防护技术，重视各类流量、日志和报警数据等的大数据挖掘工作，利用区块链来解决溯源问题，借助人工智能来解决安全分析问题等（详见拙作《人工智能未来简史——基于脑机接口的超人制造愿景》）。总之，要全面提高网络系统的智能化安全防护能力，特别是恶意行为的判别能力、安全事件的即时监测能力、安全预警能力和态势感知能力等。

五是重视数据安全，尤其是个人数据安全。运营商必须履行对个人信息和数据安全的保护责任，遵循相关法律和法规，从发现、管理、保护和监测等维度，构建全方位的数据保护体系。针对重要数据和个人信息的保护，需要重点提升四个能力：一是自动发现和分级分类识别能力，二是访问、修改和阻断能力，三是隐私和非授权使用的保护能力，四是异常行为的及时发现能力。

总之，只要安全保障体系足够完善，黑客的釜底抽薪之计就很难奏效。但是，若想杜绝被釜底抽薪，这又几乎是不可能的事情。不过，如果在网络建设之初就能全面规划的话，黑客的攻击难度将大幅上升。

在面对复杂网络时，若要有效地对抗釜底抽薪，最好应从系统论的角度充分考虑下面三个方面：

一是系统安全分析。若要提高系统的安全性，减少甚至杜绝安全事件，其前提条件之一就是，预先发现系统可能存在的安全威胁，全面掌握其特点，明确其对安全性的影响程度。这样才可针对主要威胁，采取有效的防护措施，改善系统的安全状况。此处的"预先"意指：无论系统生命过程处于哪个阶段，都要在该阶段之前，进行系统的安全分析，发现并掌握系统的威胁因素。这便是系统安全分析的目标，即使用系统论方法辨别和分析系统存在的安全威胁，并根据实际需要，对其进行定性和定量研究。

二是系统安全评价。以前面的系统安全分析为基础，通过分析和了解来掌握系统存在的安全威胁。其实不必对所有威胁采取措施，而是通过评价，掌握系统安全风险的大小，以此与预定的系统安全指标相比较，如果超出指标，则应对系统的主要风险因素采取控制措施，使其降低至标准范围之内。

三是系统安全控制。只有通过强有力的安全控制和管理手段，才能使安全分析和评价产生作用。当然，这里的"控制"，需要从系统的完整性、相关性、有序性出发，对系统实施全面和全过程的风险控制，以实现系统的安全目标。

用系统论方法去研究安全时，需要重点关注如下五个方面：

第一，要从系统论的观点出发，从系统的整体考虑，找到解决安全威胁的方法和过程，确定既定目标。比如，对每个子系统安全性的要求，要与实现整个系统的安全功能和其他功能的要求相符合。在系统研究过程中，子系统和系统之间的矛盾，以及子系统与子系统之间的矛盾，都要采用系统优化方法，寻求各方面均可接受的满意解。同时，要把系统论的优化思路贯穿到系统的规划、设计、研制、建设、使用、报废等各个阶段。

第二，突出本质安全，这是安全保障追求的目标，也是系统安全的核心。由于在安全系统论中，将人、网、环境等看成一个系统，因此，不管是从研究内容还是从系统目标来考虑，核心问题都是本质安全，即研究系统安全的实现方法和途径。

第三，人网匹配。在影响系统安全的各种因素中，最重要的是人网匹配。

第四，经济因素。由于安全的相对性，所以安全投入与安全状况是彼此相关的，即安全系统的优化受制于经济。但由于安全经济的特殊性（包括安全投入与业务投入的渗透性、安全投入的超前性与安全效益的滞后性、安全效益评价的多目标性、安全经济投入与效用的有效性等），就要求在考虑系统目标时，要有超前的意识和方法，要有指标（目标）的多元化表示方法和测算方法。

第五，安全管理。系统安全离不开管理，而且管理方法必须贯穿于安全的规划、设计、检查与控制的全过程。

简单来说，能抵御釜底抽薪的安全系统论就是，要用系统论的方法，从系统整体出发，研究各构成部分存在的安全联系，检查可能发生的安全事件的危险性及其发生途径，通过重新设计或变更操作来减少或消除危险性，把安全事件发生的可能性降到最低程度。

安全系统论既是科学，又是哲学。从科学角度看，它开创了全新的研究领域。从哲学角度看，它既刷新了人们的世界观，又提供了独树一帜的方法论。

# 第20计

## 浑水摸鱼

乘其阴乱，利其弱而无主。随，以向晦入宴息。

顾名思义，浑水摸鱼就是把水搅浑，让鱼缺氧，逼鱼浮出水面，然后趁机捕之。此计用于战争，是指当敌人混乱不堪时，赶紧趁乱行动，顺手得利。原来，在复杂的战争中，混乱的弱者常会动摇不定，这就为我方提供了可乘之机。若敌方内部还未乱，也可先制造内讧，促其生乱，变成一盘散沙，然后从中获利。

在网络对抗中，最为形象的浑水摸鱼技术之一，可能当数大数据挖掘技术。该技术能从杂乱无序的大数据中，挖掘出许多本来隐藏在"深水"中的"大鱼"，发现数据中的若干隐形规律，甚至给出某些精准预测等。

为了用浑水摸鱼的思路来重新演绎大数据挖掘技术，我们先来蹚一蹚大数据这潭"浑水"，看看什么是大数据，它到底有多"浑"。

粗略来说，大数据就是杂乱无章的巨量数据集合所形成的数据海洋。该海洋的混浊程度之高，已经无法通过普通软件在合理时间内对其进行处理了；只能采取全新的模式，借助更强的决策力、洞察力、计算力和优化力才能从中"摸鱼"，否则摸鱼者本人就会被淹没在混浊的数据海洋中，迷失方向。今天我们之所以能在大数据的浑水中摸到鱼，主要归功于计算科学的飞速发展，特别是大规模并行处理数据库、分布式文件系统、可扩展存储系统、虚拟化技术、云计算和云存储、数据挖掘和互联网等技术的重大突破。

大数据海洋的混浊程度，还可用大数据的以下八个特征来显示：

一是数据量大，它决定了数据的价值和潜在信息。

二是种类多，即数据类型复杂，让普通数据库技术无法处理，因为按过去的常规做法，不同类型的数据将需要不同的处理方法。

三是速度快，即数据的产生速度惊人，简直应接不暇。

四是善变化，它妨碍了数据管理的有效性和可处理性，从而让数据"海洋"更浑。

五是真实性，即数据来自真实场景，从而使得该"海洋"中确实能够产生"鱼"。

六是复杂性，即数据量巨大，来源渠道多，从而增加了"摸鱼"难度。

七是非结构性，在大数据中至少有 80% 的数据没有结构可言，或者说都显得毫无规律可循，这就使得本来就很浑的"海洋"变得更浑。

八是价值性，即每个数据都有微量价值，积少成多便能以低成本创造高价值，从而摸到"大鱼"。

从大数据的"浑水"中可以摸到的"鱼"种类繁多，有的会行善，比如及时发现黑客的攻击行为；有的会作恶，比如泄露用户的隐私数据；有的与网络安全有关，比如获取犯罪证据；但更多的"鱼"涉及日常生活的方方面面，包括但不限于预测流感趋势或选举结果、精准广告投放、最佳路线导航、优化城市规划、库存管理、潜在规律发现、保单定价等。由于大数据正在变得越来越重要，甚至可能变得比石油还重要，因此，从大数据的混浊"海洋"中摸到的"鱼"也会更重要。随着大数据、云计算、物联网和移动互联网等技术的深度融合，大数据之"鱼"将有更多的来源和去处。

形象地说，从大数据"浑水"中摸到的"鱼"能使你成为"皇帝"。不过，请别高兴太早，我说的是那位"穿新衣"的皇帝。真的，在这些"鱼"面前，你就是赤裸之身：你说过什么话，它知道；你做过什么事，它知道；你有什么爱好，它知道；你生过什么病，它知道；你家住哪里，它知道；你的亲朋好友姓甚名谁，它也知道……反正，你自己知道的，它几乎都知道，或者说它都能够知道，至少可以说它迟早会知道。

甚至连你自己都不知道的事情，这些"鱼"也可能知道，比如，它能够发现你的许多潜意识习惯：集体照相时你经常站哪个位置呀，跨门槛时喜欢先迈左脚还是右脚呀，你喜欢与什么样的人打交道呀，你的性格特点都有什么呀，哪位朋友与你的观点不相同呀，等等。

再进一步地说，今后将要发生的事情，这些"鱼"还是有可能知道。比如，根据你"饮食多、运动少"等信息，它就能够推测出，你可能会有"三高"。当你与许多人都在购买感冒药时，这些"鱼"就知道：流感即将暴发了。其实，这些"鱼"已经成功地预测了包括世界杯比赛结果、多次股票的波动、物价趋势、用户行为、交通情况等。

人们是如何从大数据的"浑水"中摸到鱼的呢？原来，人们使用了大数据挖掘技术，它能从大量的、不完全的、有噪声的、模糊的、随机的数据中提取出隐含的、未知的、潜在有用的信息和知识。大数据挖掘可分为三个步骤：

一是定义问题，即确定数据挖掘之目的。

二是数据准备，包括选择数据和数据预处理。

三是数据分析，包括结果分析。

大数据挖掘主要有两大类：

其一是直接数据挖掘，它基于部分数据建立模型，然后用该模型去处理剩余数据，最终完成某个特定变量的描述，从而揭示数据的某种潜在规律。

其二是间接数据挖掘，此时的挖掘目标并不是某个具体的变量，而是某个模型，基于待挖掘数据间存在的某种关系的模型。

目前常用的大数据挖掘方法主要有人工神经网络方法、遗传算法、决策树方法、粗糙集方法、覆盖正例排斥反例法、统计分析法和模糊集方法等。

若你觉得上段对大数据挖掘技术的介绍过于阳春白雪的话，现在就来一段下里巴人。其实，大数据挖掘这种"摸鱼"方法在日常生活中经常使用，比如，大家耳熟能详的"人肉"就是一种典型的大数据挖掘。

想想看，一大群网友，出于某种目的，比如，暴露某人丑行或宣传美化某人，充分利用自己的一切资源渠道，尽可能多地收集当事人或物的所有信息，包括但不限于网络搜索得到的信息（这是主流）、道听途说的信息、线下知道的信息、各种猜测的信息等；然后，将这些信息整理、改编为新信息，反馈到网上与其网友分享。这就完成了第一次"人肉迭代"。

接着，大家又在第一次"人肉迭代"的基础上，互相借鉴，交叉重复进行信息的收集、加工、整理等工作，于是，便诞生了第二次"人肉迭代"。如此循环往复，经过多次迭代后（新闻名词叫"发酵"），当事人或物的丑恶（或善良）画像就跃然纸上了。如果构成"画像"的素材确实已经"坐实"，当主体是事实时，那么，"人肉搜索"就完成了。

所谓的大数据挖掘，从某种意义上说，就是由机器自动完成的特殊"人肉搜索"而已。只不过，现在"人肉搜索"的目的，不再限于针对某人或某事件，而是有更加广泛的目的，比如，为商品销售者寻找最佳买家、为某类数据寻找规律、为某些事物之间寻找关联等。

若将"人肉搜索"与大数据挖掘相比,那么此时网友被计算机所替代;网友收集的信息,被数据库中的海量异构数据所替代;网友寻找各种人物关联的技巧,被相应的智能算法替代;网友相互借鉴、彼此启发的做法,被各种同步运算所替代;各次迭代过程仍然照例进行,只不过机器的迭代次数更多,速度更快而已。每次迭代其实就是机器的一次"学习"过程;网友的最终"满意画像",被暂时的挖掘结果所替代,因为对大数据挖掘来说,永远没有尽头,结果会越来越精准,智慧程度会越来越高,用户只需根据自己的标准,随时选择满意的结果就行了。当然,除相似性外,"人肉"与大数据挖掘肯定也有许多区别,比如,机器不会累,它们收集的数据会更多更快,数据的渠道来源会更广泛等。

必须承认,就当前的现实情况来说,"大数据隐私挖掘"的杀伤力,已经远远超过了"大数据隐私保护"所需要的能力。换句话说,在大数据挖掘面前,当前人们突然有点不知所措了。这种情况确实是一种意外,因为自互联网诞生以后,在过去几十年中,人们都不遗余力地将若干碎片信息永远留在网上。其中,每个碎片虽然都完全无害,可谁也不曾意识到,至少没有刻意去关注,当众多无害碎片融合起来,竟然后患无穷!

不过,大家也没必要过于担心,因为,在人类历史上,类似的被动局面已经出现过不止一次了,而且每次最终都会有惊无险地顺利过关;比如,天花病毒突然暴发并引起恐慌后,人类最终将其征服了。其实,只要已经意识到出了问题,人类就会不断地想办法,直到圆满解决。

历史上,"隐私保护"与"隐私挖掘"之间是这样"走马灯"的:人类通过对隐私的"挖掘",在获得空前好处的同时,又产生了更多需要保护的"隐私"。于是又不得不再回过头来，认真研究如何保护这些隐私。当隐私积累得越来越多时，挖掘它们就会变得越来越有利可图，于是新一轮的"魔高一尺，道高一丈"又开始了。如果以时间长度为标准来判断的话，那么人类在"自身隐私保护"方面整体处于优势地位，因为在网络大数据挖掘之前，"隐私泄露"好像并不是一个突出的问题。

对于过去已经遗留在网上的海量碎片信息，如何进行隐私保护呢？如果单靠技术，显然无能为力，甚至会越"保护"就越"泄露隐私"，因此必须多管齐下。比如，从法律上，禁止以"人肉搜索"为目的的大数据挖掘行为；增加"网民的被遗忘权"等法律条款，即网民有权要求相关数据持有者及操作者删除"与自己直接相关的信息碎片"。从管理角度也可以采取措施，对一些恶意的大数据行为进行发现、监督和管控。另外，在必要的时候，还需要重塑"隐私"概念，因为毕竟"隐私"本身就是一个与时间、地点、民族、宗教、文化等有关的东西，在某种意义上也是一种约定俗成的东西，从来就没有过永恒不变的"隐私"，特别是当某种东西已经不可保密时，无论如何它也不该再被看成"隐私"了。

针对今后的网络行为，在大数据时代，应该如何来保护自己的隐私呢？其实，其关键就是两个字：匿名！只要做好匿名工作，那么，对"大家都一样"的东西谈论什么"隐私泄露"，就是无本之木、无源之水了。匿名主要包括身份匿名、属性匿名、关系匿名和位置匿名四个方面。

身份匿名。任何绯闻，当大家并不知道谁是当事人时，请问隐私泄露了吗？当然没有！没准当事者正踮起脚尖，看热闹呢。

属性匿名。如果你觉得自己的某些属性（如在哪里工作、有啥爱好、病史纪录等）需要保密，那么请记住：打死也不要在网上发布自己的这些消息，甚至要有意避开与这些属性相关的东西。这样别人就很难对你顺藤摸瓜了。

关系匿名。如果你不想让别人知道你与张三是朋友，那么最好在网上离张三远一点，不要去关注与他相关的任何事情，更别与他搭讪。这一点，做得最好的，就是那些特务和地下工作者。

位置匿名。至少别主动在自媒体上随时暴露自己的行踪，好像生怕别人不知道"你现在正在某饭店喝酒"一样。

概括一下，在大数据之前，隐私保护的哲学是：把"私"藏起来，而我的身份可公开。今后大数据隐私保护的哲学将变成：把"私"公开（实际上没法不公开），而我的身份却被藏起来，即匿名。当然要想实现绝对的匿名也是不可能的。

总之，无论大数据之水有多"浑"，借助大数据挖掘技术，我们总能摸到某些"鱼"。

第 21 计

# 金蝉脱壳

存其形，完其势；友不疑，敌不动。巽而止，蛊。

作为一个成语，金蝉脱壳来自元朝关汉卿《谢天香》中的这样一句话："便使尽些伎俩，千愁断我肚肠，觅不的个金蝉脱壳这一个谎。"该成语的本意是指寒蝉在蜕变时，本体脱皮而走，只留下蝉蜕挂在枝头。后比喻制造或利用假象脱身，使对方不能及时发觉，然后趁机溜之大吉；或比喻事物发生了根本性的变化。

作为一个计谋，金蝉脱壳的最著名故事之一，可能当数《三国演义》中的"死诸葛走生仲达"。此计是一种积极主动的撤退和转移技巧，一般只在十分紧急的情况下使用。施计时若稍有不慎，就会给自己带来灭顶之灾。因此，施计前需冷静观察，认真分析形势，准确做出判断，然后坚决果断地行动。金蝉脱壳的整个过程要在敌人不知不觉中进行，绝不能露出半点破绽。此计是"谋成于密，而败于泄"的最完美诠释之一。另外，运用此计时，一定要选好时机。一方面，"脱壳"不能过早。只要存在胜利的可能性，就应坚持下去，直到万不得已时才"脱壳"而去；另一方面，"脱壳"也不能迟缓，否则就会被擒，毕竟在败局已定的情况下，多停留哪怕一分钟都可能付出惨重的代价。

金蝉脱壳之计的关键在于"脱"。它有两层含义：一是脱身，二是分身。这里的"脱身"是指，为了摆脱困境，先把外壳留给敌人，自己脱身而去。留给敌人的"壳"只是一个虚假的外形，对我方实力影响不大，却能给敌人造成错觉。比如，前面介绍过的网络安全蜜罐技术，就含有某种脱身的意味。这里的"分身"是指，在遇到多股敌人时，为避免腹背受敌，可以对原来的敌人"虚张声势"，使其不敢轻易来犯，而暗中抽调主力去攻击后来之敌；待事成之后，再回过头来进攻原来的敌人。下面将要介绍的灾难备份技术，简称灾备技术，可能就是网络安全中最像"分身术"的金蝉脱壳技术之一。

灾备技术其实很简单，因为连兔子都懂"狡兔三窟"，所以大灰狼若想死守某个兔洞，那么这种"灾"，在兔子的三窟之"备"面前，就已灰飞烟灭了，兔子可以轻轻松松地实现金蝉脱壳。青蛙也是灾备专家，它知道蝌蚪的存活率极低，面临的天敌和灾难极多，所以在产卵时就采取了灾备思路：一次产它成千上万粒，总有几粒卵能闯过层层鬼门关，完美实现金蝉脱壳，其他夭折的蝌蚪就当是那留在树枝上的蝉蜕吧。蚂蚁更是灾备专家，它们随时都在"深挖洞，广积粮"，随时都准备着金蝉脱壳。其实，自然界许多生物，都是"灾备技术专家"，因为它们都已深刻理解并完美运用了灾备技术的核心，即冗余。否则，面对众多意外灾难和杀戮，生物们可能早就绝种了。

灾备技术其实又很复杂，甚至在网络安全的所有保障措施中，灾备的成本最高，工程量最大，使用的技术最多，几乎所有网络安全技术都可看成灾备的支撑。网络安全中的"灾"，主要是指由黑客攻击等造成的信息灾，比如，系统的计算资源（计算机和服务器等）受损，存储资源（磁盘和磁带等存储设备）受损，传输资源（通信和网络设施等）受损，信息内容受损或网络服务质量受损，等等。网络安全中的"备"，主要是指由技术和管理等手段组成的防灾和容灾等措施。因此，所谓的灾备就是利用技术和管理等手段，确保信息系统的关键数据和关键业务等在灾难发生后可以迅速恢复。

信息灾既可能造成有形资产的损失（比如硬件损毁、系统失控等），也可能造成无形资产的损失（比如数据丢失、服务中断、信誉受损、客户流失等，特别是对用户心理的打击更为严重）。信息灾与普通灾难性事件有着许多共同之处，比如，都是"人们在生活和生产过程中，突然发生的、违反意愿的、迫使正常活动暂时或永久停止并造成人、财、物等重大损失的意外事件"，它们都具有普遍性、随机性、必然性、突变性、潜伏性、危害性和因果相关性等特点。另外，后果严重的灾难往往还会引起社会的广泛关注，产生不良的社会影响，所以灾难还具有广泛的社会性。当然，信息灾也有其自身特点，它的直接伤害对象主要是人的"心"，而非人的"身"；其他伤害，都是由"伤心"衍生出来的次生灾害。

应对不同的"灾"所需的"备"也不同。"灾"更新后，"备"也得相应跟上。从宏观上看，灾备技术中的"灾"，可分为三大类：

一是由物质的灾，引起的信息灾。比如，由设备毁坏，造成的存储数据丢失；由光纤断裂，造成的信息传输线路失效；由机房被淹，造成的计算能力破坏；等等。

二是由能量的灾，引起的信息灾。比如，由电压过高、过低或停电，引起的信息系统崩溃等。

三是由网络安全问题，引起的信息灾。比如，由于黑客攻击、病毒、失密等造成的系统瘫痪等。当然，从逻辑上看，第三类灾，容易陷入"死循环"。一方面，灾备本身就是一种安全措施；另一方面，所有的安全手段，其实也都可以属于灾备，即安全又含于灾备中。当然，安全与灾备绝对不是一回事。其实，灾备与安全的这种表面"矛盾"，主要源于它们边界的模糊性，也源于文字表述的不严谨性。各位不必花精力去试图分清这个矛盾，其实也根本分不清，幸好此矛盾不会引出实质性的麻烦。

与上述的"灾"相对应，灾备技术中的"备"相当于蝉蜕，主要用于在必要时留在"树枝上"以迷惑黑客。"备"也可以分为三类：

一是物质上的备份，即功能相同的信息系统至少要有两个备份，这也是冗余备份系统。注意，这里强调的是"功能相同"，而并不要求两者完全相同，比如为提高软件的防病毒能力，甚至还要求相应的信息系统必须异构，如此一来，对主系统有害的病毒，也许对备份系统就无毒了；当然，硬件部分最好同构，这样的话，维修和设备替换等就很方便了。另外，物质上的备份系统，最好在地理上也相互分离，比如，为抵御地震灾难，主系统与备份之间的分离距离，最好超过 200 千米或更远；这就如同兔子的"三窟"不能彼此紧邻一样，否则就枉为"狡兔"，而是"傻兔"了。

二是能量上的备份。至少要有两套，甚至更多的能源供应系统，而且既要有交流电，也要有直流电。两路交流电最好还要来自不同的变电站，甚至不同的电厂。除了电能之外，机房温度也不能失控，比如，空调系统也要有备份等，万一空调失控，机房温度过高，信息系统也可能被毁。

三是信息上的备份。由于信息不能独立存在，所以信息的备份，离不开物质和能量的备份，但信息的备份又不等同于物质或能量的备份。比如，既不能因为备份，造成信息的泄露，也不能因为备份不及时，造成各物质备份中的信息不同步，引起混乱等。信息的备份，当然离不开数据存储。

灾备是很具体的技术手段，其全称是灾难备份，即像狡兔那样，用备份（冗余）的蝉蜕思路去应对灾难。比如，针对网络系统的灾备，就必须从计算灾备、存储灾备和传输灾备这三个方面入手，为网络系统提供全方位的灾备保护。特别是由于数据的价值已超过硬件系统本身，同时提供连续服务能力也已成为网络系统的核心功能，所以灾备的重点也应该是保护数据和维护服务能力。总之，作为金蝉脱壳的代表，灾备系统可理解为：以存储系统为基本支撑，以网络为基本传输，以容错技术为直接手段，以管理为重要辅助的综合系统。灾备的目的是要确保关键业务持续运行，是要减少非计划宕机时间。

若按时间顺序来说，灾备意指灾难的备份、应急和恢复，即灾难发生前要做好系统备份等预防工作；灾难发生时要及时有效地进行应急处置；灾难结束后要迅速恢复，而且还要总结相关经验教训，以便改进今后的工作。

这里所说的灾难前的备份，并不仅仅包含通常的数据备份和日志管理，更重要的是还包括信息系统构建时的"容灾系统设计"和"灾难应急预案"等。此时必须做到设计周全、防患未然，同时还要充分考虑灾备与开销之间的平衡，这里的"开销"包括系统的软件、硬件和通信设施等开销；这里的"灾备"也要尽可能地保护系统资源，包括数据信息、业务系统、应用服务等资源。

这里所说的灾难后的恢复，则包括了应急服务、备份系统的业务接管、数据／系统／服务的迁移、灾难评估等。此时要以"降低损失、恢复服务"为目标，以"评估损失和保障业务"为重点。

由于信息系统的首要功能是为用户提供服务，灾备系统性能的优劣也主要体现在"能否保证相应信息系统的业务连续性"。因此一旦发生灾难，就需要尽快启动备份机制，确保业务的连续性。所以考虑灾备体系结构时，需要重点考虑四点：

一是容错系统结构，即利用多级冗余设计技术，提高系统的可靠性和生存性；利用故障诊断与评估技术，检测当前系统的可用性；利用系统动态重构技术，实现系统的容灾特性。

二是数据恢复技术，它利用冗余纠错和多版本复制技术等，来实现数据完整性校验、部分遗失数据恢复处理等功能，从而提高数据的可用性。

三是系统恢复技术，它利用系统应急恢复或平台重建技术，重新搭建系统平台和数据平台。

四是业务连续性服务，它综合了上述三方面的技术，避免服务被长时间中断。

在设计建设灾备系统时，还可参考国际标准。从存储结构上看，可将信息系统的灾备分为三大类：

一是最简单的本地备份；

二是将备份介质存储在异地；

三是建立应用系统实时切换的异地备份系统。

从恢复时间上看，灾备系统可分为五大类，包括几天级→小时级→分钟级→秒级→实时（零数据丢失）等。从整体灾备能力上看，由低到高，灾备系统可分为八个层级。

第 0 级容灾方案：数据仅在本地进行备份，没有异地备份，未制订恢复计划。

第 1 级容灾方案：将关键数据备份到本地介质，然后送往异地保存。

第 2 级容灾方案：在第 1 级容灾基础上，增加热备中心。

第 3 级容灾方案：用网络对关键数据备份，存放至异地；制订相应的灾难恢复计划；有备份中心，并配备部分数据处理系统及网络通信系统。

第 4 级容灾方案：在第 3 级容灾基础上，增加备份管理软件；通过网络，自动将部分关键数据定时备份至异地，并制订相应的灾难恢复计划。

第 5 级容灾方案：在第 4 级容灾基础上，增加了"硬件的镜像技术"和"软件的数据复制技术"，即应用站点与备份站点的数据，都被同时更新。

第 6 级容灾方案：利用专用存储网络，将关键数据，同步镜像至备份中心；数据既在本地确认，又在异地（备援中心）确认，实现零数据丢失。

第 7 级容灾方案：当工作中心发生灾难时，能提供跨站点动态负载平衡，具有系统故障自动切换功能。

总之，灾备工作做得好，相当于金蝉脱壳做得妙。

第 22 计

# 关门捉贼

小敌困之。剥，不利有攸往。

作为一个成语，关门捉贼其实是金蝉脱壳的反义词，与关门打狗是同义词，本义为关上门，抓住房间里的小偷。作为一个兵法计谋，关门捉贼是一种"口袋战术"，即围困并歼灭敌人，特别是小股敌人。此计经常与其他计谋一起使用，但面对强敌时不能盲目关门，否则对方可能狗急跳墙，造成不必要的损失，这便是"穷寇莫追"的缘由。关门捉贼不仅要防止敌人逃走，更要预防逃敌获得反扑之机。万一关门不严，让敌人脱逃，也不可轻易追赶，以免中了敌人的诱兵之计。关门捉贼的战例实在太多，早期的著名故事当数战国时代孙膑与庞涓的马陵道之战，庞涓被孙膑包了"饺子"。

在网络安全领域，能够体现关门捉贼思路的技术有很多。比如，病毒查杀，将病毒"关"在被它感染的计算机中，然后反复测试它的各方面特性，直到最终找到足以杀灭它的补丁，再将这些补丁安装到其他未被感染的计算机中。又比如，漏洞挖掘、威胁检测及其补丁发布，也是与病毒查杀相类似的关门捉贼技术。不过，由于本书前面已介绍过这些技术，再加上它们都较专业，且独立性都较强，在体现关门捉贼与其他技术的互动性方面不够明显，所以下面重点介绍另一种非常经典而形象的关门捉贼技术——入侵检测，以下简称 IDS。准确地说，是由 IDS、防火墙和加密技术联合打造的关门捉贼技术。

顾名思义，入侵检测就是检测入侵，即及时发现并报告黑客动静，甚至预测黑客的攻击行为等。在很长一段时间内，IDS 都与密码和防火墙一起应用，它们扮演着彼此互动保护网络安全的"三剑客"角色。其关门捉贼的基本逻辑是：

首先，由 IDS 发现或预测黑客的攻击，包括内部攻击和外部攻击，并及时将"门内有贼"的情况报告给防火墙。

其次，当防火墙收到警报后，便立即采取行动。比如，赶紧加强门卫，开始关门捉贼，调整相应的安全设备配置，既不让外面的黑客进入，也不让内鬼溜掉；赶紧亡羊补牢，清查可能已经入侵的木马等恶意代码，必要时向管理员报告，启动人工干预等。

最后，如果黑客的攻击已经成功，比如，已偷走相关绝密信息，那么对不起，还有密码在那里挡住去路，仍然让贼不能得手。除非黑客能够破解密码，通常这是一件非常困难的事情，否则黑客前面的所有入侵行动都将功亏一篑。

如今"三剑客"的地位虽已大不如前，但它们的历史功绩不可否认，特别是它们在联合演绎关门捉贼之计时的默契配合。与密码和防火墙相比，IDS 始终都站在与黑客斗争的前沿，它总是干一些零敲碎打的具体工作：黑客想偷鸡，它就忙值守；黑客要摸狗，它就随时瞅；黑客兵来，它就将挡；黑客水来，它就土掩。反正，IDS 事无巨细，苦劳不少，7×24 小时为网络安全站岗放哨；但它的功劳却似一地鸡毛，很难归纳、总结和提高。由于本书第 1 计中已介绍过密码，后面的第 36 计将介绍防火墙，所以这里只重点介绍 IDS。其实，IDS 的工作很辛苦，必须没日没夜地反复执行下面六项枯燥的任务。

一是监视和分析用户及系统活动，即用户是否是黑客啦，活动是否违规啦，是否有什么异常现象出现啦，黑客有什么新动向啦，等等。当然，这些工作不仅仅是简单的监视，有时，还必须透过现象看本质，借助深入、细致、全面的分析，才能发现问题，抓住黑客的狐狸尾巴，或及时发现系统的问题。

二是系统构造和弱点的审计，即像账务审计员或纪检人员那样，随时对以往记录的各种数据进行反复核查，看看当初构建系统时，是否有什么天生缺陷或问题；内外部环境和黑客手段发生变化后，当前系统是否能适应这些新变化，是否会出现新的漏洞等。由于各方面情况总是瞬息万变的，所以相应的审计也必须与时俱进，绝没有一劳永逸。

三是及时识别已知攻击的模式，并向相关人士报警。一方面，要归纳、整理、提炼以往已知的黑客攻击特征，而且还要将它们牢牢记住；一旦这些特征再现，那很可能就意味着"狼"又来了。另一方面，还得赶紧发出警报。这项工作看似容易，实则非常困难。想想看，如果因为过去的"攻击特征提取"不准确，或本次的"攻击特征比较和判断"有误等，本来没有黑客攻击，你却反复错误地发出警报，那么你的信誉就会大幅度降低，那位说谎的放羊娃也许就是榜样！反过来，黑客也不是傻瓜，他一般不会完全重复过去的攻击，每次攻击总会带来点新的花招。如果因为你一时大意，没发现黑客的攻击，该发出警报时，没有及时发出，那么用户将会很生气，后果很严重。

四是异常行为模式的统计分析，即记录历史上的所有异常行为，并对它们进行尽可能多的统计分析，发现其规律，提取其特征。但这项任务的工作量，绝对是个"无底洞"。别说对"异常"进行统计，甚至判断哪些属"异常"，有时都无从下手；因为合法用户的正常行为，有时却像异常；而黑客的异常行为，有时却又很"正常"。当然，如果简单应付，只做一些表面文章，也能马马虎虎交差；如果要认真对待，那么将大大提高"三剑客"关门捉贼的业绩，增强对黑客"未知入侵行为"的判断和预测能力。此项指标是评价入侵检测系统水平高低的关键，因为在对待已知攻击方面，大家都难分伯仲。

五是评估重要系统和数据文件的完整性。无论 IDS 多么用功，无论它有多大本事，也不该平均分配注意力，所以对重要系统和重要文件，必须倾注更多的精力；甚至对它们的报警也可以勤一些，哪怕多出几次虚报。特别是留意这些关键对象的完整性，比如文件是否被增加了一段或减少了一段，或各段落之间的顺序是否被调整过，文件是否被以任何方式篡改过。对重要系统的完整性监督和评估也是这样，只要它有了任何不该有的变化，IDS 就该毫不犹豫地予以发出报警。

六是操作系统的审计跟踪管理，并识别用户违反安全策略的行为。操作系统是基础的核心软件，从第一刻开始，它的一切所作所为，都不该逃离入侵检测的视线；而且还要被详细记录，随时反复地进行核查和审计，并实时跟踪；一旦发现任何"出轨"行为，就要马上干预。由于防火墙只管外，不管内，假若内部人员作案，只要他不试图穿过防火墙逃入外网，那么防火墙就不会"多管闲事"。但在IDS 眼里，可没有闲事！就算是内部的合法用户，只要他超越了事先指定的权限，比如读了不该读的文件，存了不该存的信息，改了不该改的设置，连了不该连的网络等，那么对不起，IDS 都将义不容辞地"告黑状"，让违规者吃不了兜着走。IDS 之所以有这个本事，是因为它随时都明白无误地记得"你在系统中能够做什么，不能做什么"，而且绝无商量的余地。

IDS 的挑战性，主要来自两个方面。

其一，对手太强大，它得对付全世界的黑客。众所周知，黑客都是人精中的人精，只要能攻破网络系统，他们都会不择手段，只有你想不到，没有他做不到。若黑客用新招打败入侵检测系统，那还情有可原；但若 IDS 被黑客用旧招打败，那就难辞其咎了。所以 IDS 必须对所有新攻击进行及时应对，并迅速给出解决方案。

其二，防御手段太琐碎。IDS 必须十八般武艺样样精通，因为黑客的攻击可以来自病毒、木马、扫描、嗅探、IP 欺骗、Web 欺骗、口令破解、拒绝服务攻击和缓冲区溢出攻击等。只要这些冷箭有一支没有被挡住，IDS 就会前功尽弃。

IDS 的水平主要取决于其信息收集能力。那么 IDS 是如何收集信息的呢？

第一种方法，行话叫基于主机的信息收集，它其实就是"守株待兔"。即 IDS 从自己的计算机操作系统审计记录和跟踪日志档案中，去发掘可能的攻击信息。当然 IDS 有时也会主动引兔子出穴，让它上当，暴露行踪；这也算投石问路吧。

这种收集法的优点是：不需要额外的硬件，因为计算机就在手边；对网络流量不敏感，因为是本地处理，没有消耗额外的流量；效率高，自己的事情自己干，不需要多方协调或扯皮；能准确定位入侵并及时进行反应，送上门的兔子，想跑也跑不掉，这显然是典型的关门捉贼。

这种收集法的缺点也很明显，比如占用主机资源，让你的计算机被分心，所以本职工作会受到影响；依赖于主机的可靠性，不可靠的人当然干不出可靠的事；所能检测的攻击类型受限，个人能力自然有限；不能检测网络攻击，因为始终都待在门内，当然就不知天下事了。

第二种方法，行话叫基于网络的信息收集，它其实就是战争片中常见的"抓舌头"，或派出"探子"，采用各种可能的方法，刺探敌情，以此判断黑客是否已经或即将发动攻击。具体地说，IDS 通过监听网上的数据，并对其进行处理，从中提取有用的信息，再将它与"已知攻击特征"或"正常网络行为"进行比较，来识别攻击事件，判断黑客是否已侵入家里。

这种收集方法的优点是：它不依赖于具体操作系统，可以从全网获得信息。或形象地说，"探子"既可从敌方人员那里直接获取情报，也可从周围老百姓那里间接获取情报；配置方法简单，不需要任何特殊的审计和登录机制，反正，只要能听懂"探子"回送的消息就行了；可检测协议攻击、特定环境攻击等多种攻击，这主要取决于"探子"情报的完整度和可靠度。

这种收集法的缺点包括：只能监视本网段的活动，无法得到主机系统的实时状态，这是因为"在外流浪的'探子'当然不可能知道内部信息"；精确度较差，毕竟"在家万事好，出门难上难"。当然在实际使用中，大部分 IDS 都采用此种方法来收集信息。

第三种方法，行话叫分布式信息收集，它其实就是"办事处方法"，即总公司在各主要节点建立常设机构，它们专门负责收集本地信息并及时反馈，总部据此做出相应的决策。所以，这种信息收集体系，具有分布式结构，它由异地的多个部件（不同网段的传感器或不同主机的代理）组成；每个部件部署在相应关键节点上，采用第一种"守株待兔"法收集信息，同时，又在网络的关键节点上，采用第二种"抓舌头"方法来收集信息；这些信息包括系统和网络日志文件、网络流量、非正常的目录和文件改变、非正常的程序执行等。IDS 会统筹所有这些信息，再判断被保护系统是否已经或即将受到攻击。

这种"办事处方法"的优点主要体现在：既能扩大检测范围，又能增强洞察力；因为单一来源信息可能漏掉一些疑点，而"多源信息的不一致性"等本身就可能是黑客的破绽。

IDS 收集信息的主要地点有四个。

其一，从作案现场取证。黑客经常会在"系统日志文件"中留下踪迹，就像小偷会在作案现场留下脚印、头发、指纹、体味等信息一样。由于计算机很喜欢写"日记"，其实不仅仅是"日记"，而是"随时记"，只要有任何动静，只要干过任何事情，它都生怕表功不全，赶紧记录下所有的一举一动。这些"日记"，非常丰富，包括但不限于登录行为、用户 ID 改变、用户对文件的访问、授权和认证信息等。于是通过分析这些"日记"，便有可能发现那些"不寻常和不期望的活动"，比如非授权企图访问重要文件、登录到不期望的位置，以及重复登录失败等。这些活动既可能是正在入侵的"响动"，也可能是已经入侵留下的"痕迹"；当然，还可能是即将入侵的提前"采点"；IDS 将据此启动相应的应急响应程序。

其二，被保护目标的异常变化。如果被保护目标出现了不期望的改变，那么，很可能就是黑客所为，因为正常的变动应该在 IDS 的掌控之中。"目录和文件"是 IDS 的重点保护对象，如果它们被异常修改、创建或删除等，那么很可能就是"某种入侵产生的信号"。黑客在非法获得访问权后，经常会对目标文件进行替换、修改和破坏；同时也为了销声匿迹，他们会尽力替换系统程序或修改系统日志文件。只要足够细心，经验丰富的猎人，一定能发现那些蛛丝马迹。

其三，行为举止失常。如果树上的猴子在惊叫，那么很可能危险即将来临；比如狼要来了，羊就是这样进行"入侵检测"的。而信息系统中的"猴子"就叫"进程执行"，"猴子"的姓名分别叫作：操作系统、网络服务、用户启动程序和特定应用等。每个"猴子"生活在不同的权限环境中，它的正常举止由可访问的系统资源、程序和数据文件等决定。如果在"计算速度、文件传输、设备状态"等方面出现异样，"猴子"将惊叫；如果"猴子彼此间的正常通信"出现异样，"猴子"也会惊叫。"猴子"惊叫，就可能表明黑客正在入侵系统；但是，狡猾的黑客，可能会将程序或服务的运行分解，就像狼群隐身，悄悄逼近羊群一样；从而导致"猴子未叫，羊被吃掉"的结果。当然，如果黑客模仿"合法用户或管理员的操作方式"，那么，对付"披着羊皮的狼"就更加困难了。

其四，"破门砸窗"，行话叫物理形式的入侵信息。包括"非法的硬件连接"和"对物理资源的非法访问"。此时，黑客强行突破网络的周边防卫，从物理上访问内部网，从而安装自己的设备和软件，然后利用它们来访问网络。

当然，无论从哪里收集信息和怎么收集信息，这些被收集到的信息"是否可靠，是否正确"，将在很大程度决定 IDS 的效果。而高级黑客完全可能故意留下一些假象给 IDS，让其做出错误判断。比如，黑客经常通过替换被程序调用的子程序、库和其他工具等手法，来迷惑 IDS 的信息收集工作，使得被篡改的系统功能看起来是正常的。由此可见，IDS 的信息收集工具本身，必须是可靠的、完整的和安全的。

　　总之，关门捉贼其实是一套组合拳，入侵检测、防火墙和密码已经共同合作，打造出了这样一套非常形象的关门捉贼组合拳。

第 23 计

# 远交近攻

形禁势格，利从近取，害以远隔。上火下泽。

顾名思义，远交近攻意指联络远方国家，进攻邻近国家。这是战国时秦国采取的一种外交策略，当年秦始皇正是依靠此计成功统一了六国。后来，远交近攻也演绎成了一种待人处世的手段。

此计显然不能生搬硬套到网络安全领域，因为在网络世界里几乎没有地理意义上的"远"或"近"概念，网络信息可以瞬间到达全球任何地方。此外，国际外交中的"交"显然也主要是人文概念，几乎没有网络对应物。因此，为了更准确地理解网络安全中的远交近攻之计，就必须搞清此计的网络含义。首先，在远交近攻中的"交"，是与"攻"彼此对立的概念；而在网络安全中，与"攻"相对立的概念则是"守"，所以在网络中运用远交近攻之计时，可将"交"与"攻"分别理解为"守"与"攻"。其次，与远交近攻中的"远"和"近"最相似的网络概念之一可能是"外"和"内"，所以在网络中运用远交近攻之计时，可将"远"和"近"分别理解为"外"和"内"，即机构的"外网"和"内网"。

综合上述类比，远交近攻之计的网络版本可能应该是"外守内攻"或"外网守，内网攻"。换句话说，从网络所有者的角度来看，机构外网的安全策略应该以守为主，这时任何网络安全技术都不可或缺；反过来，机构内网的安全策略则是以攻为主，这时安全管理学将唱主角。实际上，机构内网用户都是自己的员工，机构既有权力也有能力对员工的上网行为进行严格监控和管理，甚至可以随时对内网进行攻击测试，这便是"内攻"的含义之一。

网络安全中"外守内攻"之计的关键就是要确定：攻什么，守什么，如何攻，如何守。比如，对机构内网来说，机构可以攻击内网的一切东西，以测试其安全强度，然后采取相应补救措施。但是，真正能确保内网安全的最有效的"攻"法，其实这是看起来很温柔的安全管理学，难怪业界一致认为：百分之八十的安全问题主要来自内部，安全等于三分技术加七分管理。也就是说，安全保障的效果，主要依靠（内部）管理，而不仅仅是技术。因此，技术和管理都是安全保障的法宝，一个也不能丢，而且还必须"两手抓，两手都要硬"，要从技术和管理等方面采取有效措施，解决和消除不安全因素，防止安全事件的发生，保障合法用户的权益。

为了从宏观上说清安全管理学，我们先从宏观上说清安全的本质。顾名思义，"无危则安，无缺则全"，即安全意味着：没有危险且尽善尽美。当然，具体到网络中，安全至少有三层含义：

一是安全事件的危害程度能被用户承受。这表明了安全的相对性，以及安全与危险之间的关系，即安全与危险互不相容。当网络的危险性降至某种程度后，就安全了。当然，这里的承受度，并非是一成不变的，而是由具体情况确定的。

二是作为一种客观存在，无论从物质、能量还是从信息角度去看，网络本身都未遭受破坏。这里的"破坏"，既包括硬件破坏，也包括软件破坏。

三是合法用户的权益未受损害。当然，这里的权益，涉及经济、政治、生理、心理等各方面。

从系统角度看，网络安全还有更广泛的含义，即在全生命周期内，以使用效能、时间、成本为约束条件，运用技术和管理等手段，使总体安全性达到最优。这里的"全生命周期"，包括设计、建设、运行、维护直到报废等各个阶段，而不只是其中某些部分。这里的"约束条件"也是综合的，既不能只顾安全而忽略效益，更不能相反。这里的"总体"意指不能只追求局部安全，而必须考虑全局。

由于网络空间已深入生产、生活、生存等各领域，如果出现严重的安全问题，不但会造成重大经济损失，还会产生长期而广泛的社会影响，危害个人、家庭、企业、政府，甚至整个国家的安全。实际上，大部分安全事件都可归因于管理疏忽、失误或管理系统有缺陷。因此若想控制安全风险，就必须搞好安全管理。

那么什么是"管理"呢？先讲个故事吧。话说，小明临睡前发现，自己的新裤子长了一寸；于是他去找妈妈帮忙剪一寸，可妈妈正看韩剧，没理他；他又去找姥姥剪一寸，姥姥正忙着搓麻将，还是没理他。小明生气了，回房后就自己操起剪刀，把裤腿剪得恰到好处，然后安心睡觉去了。可第二天一早，小明却发现，自己的裤子竟然又短了二寸！原来妈妈和姥姥忙过后，想起了小明的请求，于是分别独自地将裤子各剪去一寸。小明欲哭无泪，承受着"缺乏管理"的后果！

你看，若无管理活动进行协调，集体成员的行动方向就会混乱，甚至互相抵触；即使目标一致，由于没有整体配合，也不能如愿以偿。然而，网络用户的行为，就是典型的集体行为，当然更不能缺少管理。

管理是管理者为实现组织目标、个人发展和社会责任，运用管理职能，进行的协调过程；管理方法包括法律、行政、经济、教育和技术等。

管理的任务是实现预期目标。因此，当这个"预期目标"是"安全"时，对应的"管理"便是"安全管理"了。在特定环境下，管理者通过实施计划、组织、领导、控制等职能，来协调他人的活动，以充分利用资源，从而达到目标。管理的目的性很强：为实现其目的，任何管理活动和任何人员、技术等方面的安排，也都必须围绕目标来进行。总之，管理是一种有目的有意识的活动过程。

管理的中心是人。与传统安全不同，网络空间安全的威胁几乎全都来自人，包括攻击者黑客、粗心的用户和失职的守方等，所以管理在这里就更加重要了。

管理的本质是协调，协调必定产生在社会组织当中。对应于网络空间，准确地说，协调对象主要是用户（包括安全保障人员等）；因为显然无法去协调黑客，更不可能命令他们停止攻击。其实，管理正是为适应协调的需求而产生的；若协调水平不同，产生的管理效应也相异。安全保障活动，是人、网与环境等各要素的结合；不同的结合方式与状况，会产生不同的结果。只有高效的安全管理，才能整合多方资源，实现安全资源的最佳组合。

管理的协调方法多种多样，既需要定性的经验，也需要定量的技术。因此，结合相关安全保障技术，"安全管理"将如虎添翼。当然，对协调行为本身，也要进行协调；离开了管理，就无法对各种管理行为进行分解、综合和协调；反过来，离开了组织或协调行为，管理也就不复存在了。

管理是在一定环境下进行的。随着环境的变化，能否适应新环境，审时度势，是决定管理成败的重要因素。而安全环境，特别是黑客情况多变，因此在安全管理中，因势利导、随机应变就显得更为重要。

由于安全管理学的内容太多，下面只重点介绍安全管理的九大原理。

一是整体性原理。在信息系统中，各种安全要素之间的关系，要以整体为主，相互协调；局部要服从整体，使整体效果最优。实际上，就是"整体着眼、部分着手、统筹考虑、各方协调、达到综合最优化"。大多数情况下，局部与整体是一致的，即对局部有利的事，对整体也有利。但有时局部利益越大，整体风险会越多。因此，当局部安全和整体安全出现矛盾时，局部必须服从整体。

二是动态性原理。作为一个变化着的系统，信息网络的稳定是相对的，变化是绝对的。系统不仅作为一个功能实体而存在，也会作为一种变化而存在。因此，必须研究安全的动态规律，以便预见安全的发展趋势，树立超前观念，降低风险，掌握主动，使系统安全朝着预期目标逼近。

三是开放性原理。任何信息系统，都不可能与外界完全隔绝，都会与外界进行物质、能量或信息的交流。在安全管理工作中，任何试图把本系统封闭起来与外界隔绝的做法，都会导致失败。因此安全管理者应当从开放性原理出发，充分估计到外部的安全影响。在确保安全的前提下，努力从外部吸入尽可能多的物质、能量和信息。

四是环境适应性原理。信息系统不是孤立存在的，它要与周围环境发生各种联系。如果系统与环境进行物质、能量和信息的交流并能保持最佳适应状态，那么就说明这是一个有活力的信息系统。系统对环境的适应并不都是被动的，也有主动的，那就是改善环境，使其对系统的安全保障更加有利。环境可以施加作用和影响于系统，反过来系统也可施加作用和影响于环境。

五是综合性原理。该原理主要体现在三个方面。

其一，系统安全目标的综合性。如果安全目标优化得当，就能充分发挥系统的效益；反之，若忽略了某个安全因素，有时就会产生严重后果。

其二，实施方案选择的综合性。同一安全问题，可有不同的处理方案；为达到同样的安全目标，也有多种途径与方法。可选方案越多，就越要认真综合研究，选出满意的安全解决方案。

其三，充分利用综合来进行创新。比如，量的综合会导致质的飞跃。综合对象越多，范围越广，创新空间就越大。所以，在安全管理学中，必须综合技术、管理、法律等多方面成果。

六是人本原理。该原理主要包括四个要点。

其一，人是安全的主体。

其二，用户积极参与是有效安全管理的关键。

其三，使人性得到最完美的发展。无论"人之初，性本善"，还是"性本恶"，在安全管理中，在实施每项管理措施时，都必须引导和促进人性向善。

其四，管理要为用户服务。

总之，安全管理要尊重人，依靠人，发展人，为了人。

七是动力原理。对安全管理来说，动力不仅是动因和源泉，动力是否运用得当也制约着安全管理能否有序进行。安全管理的核心动力，就是发挥和调动人的创造性和积极性。因此，动力原理就是如何发挥和保持人的主观能动性，并合理地加以利用。安全管理，有三种基本动力：奖金等物质动力、表扬等精神动力，以及信息动力（如促进各方面信息交流等）。由于信息具有超越物质和精神的相对独立性，所以信息动力对安全管理，会起到直接的、整体的、全面的促进作用。

八是效益原理。效益是包括安全管理在内的所有管理的主题，是有效产出与投入之比。当然，效益可从社会和经济两个方面去考察。一般来说，"安全"以社会效益为主，经济效益为辅。效益的评价虽无绝对标准，但是有效的安全管理，首先，要尽量使评价客观公正。这是因为，评价结果会直接影响安全目标的追求和获得。评价结果越客观公正，对效益追求的积极性就越高，动力也越大，效益也就越好。其次，安全目标效益，需要不断追求。在追求过程中，必须关注经济效益的表现（如不能为了安全而过多牺牲经济等）；必须采取科学的追求方法，采取正确的战略，既要"正确地做事"，也要"做正确的事"；必须协调好"局部效益"和"全局效益"的关系；还必须处理好"长期效益"和"短期效益"的平衡；最后，追求效益还必须学会运用客观规律，比如，随着情况的变化，制定灵活的安全方针，随时适应复杂多变的环境等。

九是伦理原理。在安全管理活动中，要充分重视伦理问题，否则容易事与愿违。为此，必须了解伦理的四个基本特性。

其一是伦理的非强制性。伦理是靠社会舆论、传统习惯和内心信念起作用的。伦理虽非强制，但其作用不可低估，所谓"人言可畏、众口铄金、软刀子伤人"等就是其威力的见证。

其二是伦理的非官方性。伦理是约定俗成的，不需要通过行政手段或法律程序来制定或修改。个人伦理也无须官方批准。

其三是伦理的普适性。几乎所有人都要受到伦理的指导、调节和约束，只有违法的那一小部分人才受法律约束，且一般来说，违法者也会严重违背伦理。

其四是伦理的扬善性。伦理既指出何为恶，也指出何为善。它谴责不符合伦理的行为，也褒奖符合伦理的行为，尤其是高尚的行为。

总之，安全管理是网络安全"内攻外守"的法宝，做好安全管理就能在网络对抗中较好地实施远交近攻。

第 24 计

# 假道伐虢

两大之间，敌胁以从，我假以势。困，有言不信。

假道伐虢是根据史上真实故事演化出来的一个成语，意指打着向对方借路的幌子，行侵略之实。此处的"假"意指"借"。此计用于战争时意指：先是较"合理"地利用甲做跳板，实际的目标是要消灭乙，达到目的后，再回过头来消灭甲。

假道伐虢之计至少有两种表现形式。其一是借水行舟，即借你的水，行我的舟，借他人的锅，炒我的菜。比如，刘备当年借荆州便是典型代表，他先是以所借之荆州为基地拿下西川，然后干脆连荆州也不还了。其二是借机渗透，Windows操作系统当初允许用户使用盗版，普及后再规范收费，便是其典型代表。

若想运用好此计，需要认真把握以下三个环节。

一是善于寻找"假道"借口，使得该借口具有适当的合理性，至少要与当事双方的实力相匹配的合理性，让被借方不便拒绝，不敢拒绝，或不能拒绝。比如，当年是刘璋主动把荆州借给刘备的，这当然无可指责，更不会遭到任何人的拒绝。若施计者找不到现成的"假道"借口，他也可以主动制造看似合理的"假道"借口。比如，二战时希特勒入侵波兰的借口就是纳粹蓄意捏造的，当时德军假扮波兰军队袭击了德国的一个电台，然后德国就借机发动了闪电战。

二是善于隐蔽"假道"的真实意图。"假道"只是手段，"伐虢"才是目的。运用此计时，必须保持高度机密，让借出方在不知不觉中失去警惕性，为随后的"伐虢"侵略提供可乘之机。

三是善于掌握"假道"的时机。比如，对方有求于我或害怕我时，便是最佳时机。此计既可用于借桥过河，也可以用于过河拆桥，关键是如何把握好"假道"的时机。若时机把握得恰到好处，从"假道"那一刻起，攻击就已开始了；待到自己的势力逐渐壮大甚至已完全控制对方时，即使已经露馅，对方也只能自认倒霉。若时机把握得不好，就可能在刚开始"假道"时便遭到抵制。

在网络安全领域，与假道伐虢相关的攻防技术很多。比如，前面已经介绍过的基于僵尸网络的分布式拒绝服务"跳板"攻击，便是一种很形象的假道伐虢技术。此时，黑客先巧妙地控制一大批相对较弱的僵尸计算机，然后以它们为跳板去攻击相对较强的目标系统。实际上，黑客在网络中成功进行的每次大型攻击都可以分解成若干彼此串联的步骤，每两个相邻的步骤都可以看成一组"假道伐虢"的行径。此时黑客向前面一个步骤"假道"，然后以此为基础，再向下面一个步骤"伐虢"，直到最终达成攻击目的，致使"伐虢"成功。比如，在众所周知的电话诈骗案中，诈骗者会有一个事先拟定的剧本。他绝不会一开口就要求你汇款，而是会依次给你拨打多个电话，每次电话都是在向你"假道"，为下次电话的"伐虢"做准备。直到最终诈骗成功，彻底完成"伐虢"任务。为避免不必要的内容重复，也为了清晰起见，下面介绍网络对抗中的一种层次更分明更具体的假道伐虢技术，即 APT 攻击技术，它的全称为高级持续性威胁攻击技术。

该技术是近年来最恐怖的一种定向网络攻击技术，它利用各种先进手段，对重要网络目标进行有组织的持续性攻击。成功的 APT 攻击是长期经营与策划的结果，具有极强的隐蔽性和针对性。APT 攻击并不追求短期效益，也不在乎蝇头小利，更不进行单纯的网络破坏，而是专注于步步为营的系统入侵。其中，步步为营的每一步都是在"假道"，都是在为下一步的"伐虢"做准备。因此，在 APT 的整个攻击过程中，黑客都特别注意隐蔽自己，绝不会做任何多余动作来打草惊蛇。

APT 攻击的特点主要有五个方面。

一是高目的性。APT攻击锁定的目标通常是拥有高价值敏感数据的高级用户，特别是那些可能影响到国家安全的高级敏感数据的持有者或大型工控系统等。此外，商业机密和知识产权信息等，也是APT攻击想获得的东西。

二是高隐蔽性。APT攻击特别重视隐身，攻击者通常会潜伏在组织内部，甚至已融入被攻击对象的可信程序漏洞与业务系统漏洞中，当然很难被发现。

三是长期高危害性。APT攻击的持续时间很长且已有认真准备和策划，甚至还被反复渗透过，因此其威慑力巨大。

四是组织严密性。APT攻击可能带来巨大利益，通常都是集团行为，攻击者的综合实力非常雄厚，常由高水平的黑客团体协作完成。

五是间接攻击性。APT攻击是典型的假道伐虢技术，它通常会利用第三方网站或服务器作跳板，布设恶意程序或木马向目标发动渗透攻击。

APT攻击过程可分为六个阶段，每个阶段都有其特定的任务和内容。

第一阶段为探测期，主要任务是信息收集。此时黑客主要使用社会工程学等手段，进行为期数月甚至更久的踩点活动，大量收集目标系统的网络环境、硬件和软件配置、业务流程、员工信息和网络运行情况等关键信息，接着对这些信息进行分析和整理，挖掘出可能存在的安全漏洞。然后针对这些漏洞制订随后的攻击计划，甚至为它量身定制木马程序，为下一阶段的攻击做准备。

第二阶段为工具投送期，主要任务是发动初始攻击。此时黑客会向目标人员发送邮件，诱其打开恶意附件或点击某个假冒的恶意网页，希望利用常见软件的零日漏洞、U盘或其他移动设备等渠道（相当于阶段性的"假道"），向目标投递木马等恶意代码（相当于阶段性的"伐虢"）。有些木马也会通过云端的文件共享来感染主机，并在联网时横向传播，窃取员工的口令等隐私信息。

第三阶段为潜伏期，主要任务是为后续攻击做准备，向黑客回传资料等。此时，前期已被植入的木马将自行复制并原地隐藏，有些木马甚至会关闭病毒扫描引擎，以免被发现。此时黑客已成功侵入目标网络，木马也会静待数天或数周，并在确保隐身的情况下努力寻找发起总攻的最佳时机。时机成熟后，一旦黑客发布攻击命令，目标系统将立即受到已被黑客控制的所有跳板的闪电攻击。

第四阶段为远程控制期，主要任务是控制目标人员的机器，让机器听命于黑客。此时，恶意软件已帮助黑客在企业内部建立了一个控制点。通过这些远程控制工具，黑客可以采取反向连接模式，从外部控制目标人员的机器，让它们随时待命，准备袭击本单位的关键系统。由于是内网机器主动与黑客通信而不是相反，所以黑客建立的这种控制连接将很难被发现。

第五阶段为收获期，主要任务是获取目标系统的重要数据。此时的黑客在发现了敏感数据后，会让 APT 将这些数据收集到一个文档中，然后压缩并加密该文档，使其隐身，不被目标企业的安全检测系统发现和阻止。当然，许多企业其实根本没有配置这种针对恶意输出的流量检测设备，这就使得黑客更容易凯旋。

第六阶段为退出期，主要任务是清理痕迹，也相当于"伐虢"后扫尾。此时黑客对目标系统的攻击已经完成，但他们仍需要对其在目标网络中存留的痕迹进行销毁。比如，将滞留过的机器状态还原，恢复网络配置参数，清除系统日志等，以避免被溯源跟踪。此举也相当于消灭那些曾经是黑客跳板的假道者。至此，一个完整的假道伐虢过程就结束了。

当然，以上六个阶段其实是相互交错的，并无绝对的界线，而且在每个阶段中黑客都可能发起多次且持续的攻击，这主要取决于黑客意愿、被攻击目标的价值和黑客的进展情况等。

APT 攻击的入侵途径多种多样，主要包括以下三种：

一是以智能手机、平板电脑和 U 盘等移动设备为跳板，让木马等悄悄潜入目标企业的网络系统中。

二是利用社会工程学等手段潜入目标系统，比如，利用恶意邮件来引诱目标员工的违规操作，利用钓鱼邮件来获取目标员工的隐私信息等。

三是利用防火墙和服务器等网络设备的安全漏洞，继而获取访问目标企业网络的权限，为随后的 APT 攻击奠定基础。

总之，APT 攻击会不择手段地绕过所有安全方案，然后长期潜伏在目标系统中，只待时机成熟便发动突然袭击。

APT 的常用攻击主要有以下五种：

一是水坑攻击。顾名思义，此种攻击会在你的必经之路埋设陷阱，只等你中招。水坑攻击本身就是一种典型的假道伐虢招数，它通常会先攻入低安全性目标，然后以此为基础来接近高安全性目标。黑客会在攻击前搜集大量目标信息，分析其网络活动规律，寻找其经常访问网站的弱点，并事先攻击该网站，静候你的光临，让你掉进他的陷阱。由于目标使用的系统环境和漏洞非常多，水坑攻击较易得手，且水坑攻击的隐蔽性很好，很难被发现。

二是路过式下载。它让用户在不知不觉中下载间谍软件或病毒等恶意程序。比如，当目标员工在访问网站、浏览邮件或点击欺骗性弹窗时，可能就会被安装某些恶意软件。

三是网络钓鱼。此时黑客通过网络手段，伪装某些知名的社交网站或政府组织等机构的网站来获取用户的敏感信息。在 APT 攻击中，黑客为了入侵目标系统，可能会对目标系统的员工进行钓鱼攻击，引导他们进入看起来毫无破绽的钓鱼网站，欺骗他们输入敏感信息，泄露关键数据。

四是鱼叉式网络钓鱼。此时黑客会专门针对特定对象来展开钓鱼攻击。黑客锁定的目标可能是某个特殊员工。一般而言，黑客会事先制作一封附带恶意代码的电子邮件，一旦该员工点击该邮件，恶意代码就会被激活。这相当于黑客暗自建立了一条到达目标网络的链路，以便实施下一步攻击。一般来说，普通钓鱼的终极目的只是获取用户的口令，但对鱼叉式网络钓鱼来说，黑客将千方百计地实施更大规模、更深层次和更加危险的攻击。

五是零日漏洞攻击。由于零日漏洞很新，不易发现且无补丁，所以其危险性更高。在 APT 攻击中，进入目标网络后的黑客可能利用零日漏洞轻松获取敏感数据，从而更有针对性地发动破坏性更大的攻击。

为了有效防止黑客的假道伐虢的 APT 攻击，至少要采取以下六种防范措施。

一是经常查阅全球共享的威胁情报，包括 APT 的国内外进展情况，恶意软件的现状，已知不良域名、邮件地址、恶意附件、邮件主题等情况，以及恶意链接和网站的情况等，确保这些情报的有效性和及时性。

二是建立严格的网络出入规则，除正常流量外，应尽量阻止其他数据，特别是未经授权的数据随意出入企业网络。此外，还要阻止所有数据共享和未分类网站，严格限制各种端口和协议离开网络。总之，要尽量阻断恶意软件与员工主机之间的通信渠道，阻止未经授权的数据渗出网络。

三是尽量收集和分析企业内网中关键设备的详细日志，检查可能出现的异常行为，建立与威胁情报匹配的报警制度。

四是经常咨询安全专家，请其配合分析威胁情报和日志，以协助防御 APT 攻击。

五是加强员工安全意识，禁止随意浏览危险网站或点击不明邮件或程序链接等。

六是建立健全安全防御体系。针对特定的 APT 攻击，可采用传统的被动防御措施，比如，使用杀毒软件或防火墙等。此外，还要采用主动防御措施，比如，借助蜜罐技术引诱黑客，分析其攻击行为，然后制订相应的防御方案等。

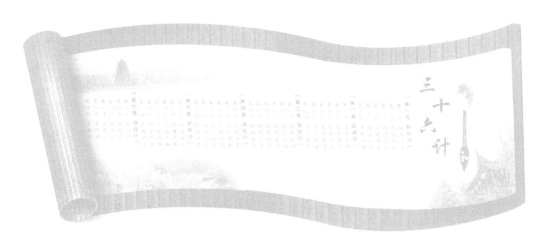

|第五套|

# 并 战 计

作为《三十六计》中的第五套计谋，并战计主要是在敌我双方势均力敌、军备相当且在战场上相持不下的形势下所使用的计谋，也是兼并友军的计谋。此处的势均力敌与第二套敌战计中的势均力敌并不是一回事。严格来说，第二套中的势均力敌，更偏重直观感觉，并不严谨，而此处的势均力敌则更偏重客观指标，以致敌友之间都可以互换场地和设备等。形象地说，此处敌友双方更像是两位棋手，他们在开战前都拥有完全相同的棋子，无论是执黑棋还是执白棋，两者之间都没有区别，谁都甭想速战速决。在相同的裁判标准下，谁若想获胜就必须抓住一切机会，借助稍纵即逝的有利局势扩大战果，才能步步为营，稳操胜券。因此，并战计中的敌友双方与其说是在打仗，还不如说是在下棋，妙思攻守至关重要；当然，从严格意义上讲，在实战中这种情况几乎不会出现，但是可以相当逼近。而在第二套敌战计中，敌友双方是不能交换场地或设备的，否则就不再势均力敌了。

在网络安全领域，攻防双方也常近似于（但不会严格处于）弈棋式的势均力敌状态。比如，在普通网民之间的某些舆情博弈之初，双方就处于势均力敌的状态，而结局则可能是一方惨败，另一方大胜，甚至成为"大V"。博弈式势均力敌的假设虽然不能被严格满足，但是可以被充分逼近，更能为网络安全的量化理论研究奠定基础，这也是拙作《安全通论》和《博弈系统论》的起点。实际上，在弈棋式势均力敌的假设下，人们已在网络安全的量化理论方面取得了若干基础性成果，正在将网络安全变成一门科学而不仅仅是技术。比如，在网络安全的基本概念和基本原理方面的量化成果主要有六个方面。

一是黑客是什么？所有黑客行为都可等价为一个离散随机变量，而该随机变量的香农信息熵就代表了该黑客的攻击能力。香农信息熵越小的黑客，具有越强的攻击力。特别是，如果黑客甲的香农信息熵比黑客乙的小1比特，那么黑客甲的最佳黑产收入将不多不少，刚好等于黑客乙的最佳黑产收入的 2 倍。此种量化定义其实适用于攻防双方，或者说，红客也是一种离散随机变量。

二是安全是什么？安全与信息一样都是负熵。或者说"不安全"是一种熵，它将遵从热力学第二定律，即任何一个网络系统的"不安全"概率将自然变得越来越大，而不是越来越小（除非有外力，如采取了相应的安全加固措施等）。

三是攻防对抗的最佳结果是什么？它就是网络对抗的纳什均衡定理，即针对任何网络系统，无论攻防各方的损益函数怎么定义（无论攻防双方追求什么），攻防双方的安全对抗都一定存在纳什均衡状态。此时，攻防双方都达到了自己的最大利益状态，随后的最佳攻防策略就是保持不动，否则就会严重受损。此定理有可能彻底改变网络安全的攻防策略，特别是信息技术较弱国家的攻防策略，即弱国不宜草率地与对方拼命，而是应该努力将对方逼入纳什均衡状态，从而实现双赢。当然，在和平时期，信息技术较弱国家应该加强备战，为战时自己的纳什均衡状态挣得更多利益。

四是网络安全防护措施的优劣标准是什么？安全是整体的不是割裂的，动态的不是静态的，开放的不是封闭的，相对的不是绝对的，共同的不是孤立的。在判断某项安全措施是否正确时，不是看它能否解决局部安全问题，而是看它如何影响整个网络的安全熵。若它能减少安全熵，那就是正确的；若它使安全熵增大，那就是错误的；若它让安全熵保持不变，那就是对安全态势的一种稳定性维持。一句话，正确的防护措施必须能使网络系统的安全熵逐渐减少。

五是网络攻防的可达极限是什么？在网络安全对抗中，无论对抗各方是 1 对 1（1 个攻方对 1 个守方）、1 对多（1 个攻方对多个守方）、多对 1（多个攻方对 1 个守方）或多对多（多个攻方对多个守方），它们之间的对抗业绩都存在一个可达极限，而且这个极限就是相应攻防信道的香农信道容量。其实，攻防容量极限定理还给出了网络信道的容量计算新思路，它将安全攻防与通信理论融为了一体，实际上还将冯·诺伊曼的博弈理论也融为了一体。

六是间谍的量化价值有多大？在网络对抗中，黑客甲若成功地收买了间谍乙，那么该间谍到底能给黑客带来多大的利益呢？答案是甲与乙之间的互信息量，即甲与乙所代表的两个随机变量之间的香农互信息量。

有关网络安全的量化理论请详见拙作《安全通论》，此处就不再细述了。

第 25 计

# 偷梁换柱

频更其阵，抽其劲旅，待其自败，而后乘之。曳其轮也。

　　偷梁换柱比喻用偷换的办法，暗中改换事物的本质和内容，以达到蒙混欺骗之目的。它的同义词主要有偷天换日、偷龙换凤、狸猫换太子和调包计等。起初，此计主要用于吞并友军。具体来说，在与友军并肩作战时，通过频繁的兵力调动，不动声色地将自己的心腹安插到友军阵营里的关键岗位（梁、柱）中，并换掉这些岗位上的友军核心人员，然后逐步控制友军，直至最终兼并友军。后来，此计泛指暗中玩弄尔虞我诈的手段，以假代真，以劣代优，趁机控制别人。此计也常用于政治和外交场合，在军事上它也可指通过频繁的佯攻，促使敌人变换阵容，然后伺机攻其弱点。

　　偷梁换柱的关键字是"换"，关键词是"偷换"，至于偷换的"梁"和"柱"到底代表什么，那就因人而异，因事而定了。比如，在网络安全领域，最重要的"梁"和"柱"可能当数用户的身份和信息的内容了。实际上，一方面，如果你的口令被偷，黑客就可以冒充你的身份，获取你的权限，从事你可以做的任何事情，甚至取走你的存款，以你的名义公开发布虚假消息等。另一方面，如果"皇帝"的电子邮件内容可以被任意篡改，黑客就真可以将康熙遗诏"传位于四子"篡改为"传位十四子"。毕竟与纸质文件不同，若不采取特别的安全措施，电子文档的内容完全可以天衣无缝地进行任何修改，哪怕是增加一段、删除一段或颠倒某些段落的位置等都不会留下任何痕迹。难怪黑客会经常使用偷梁换柱之计，经常偷换合法用户的身份，也经常偷换信息内容。

　　黑客偷梁换柱之计的杀伤面到底有多广呢？这样说吧，网络安全的特性主要表现在机密性、完整性、真实性、可控性、可用性、可靠性和不可否认性等七个方面，而其中除机密性外，所有其他六个方面都会或多或少地受到黑客偷梁换柱之计的攻击。因此，我们不打算罗列黑客偷梁换柱的众多攻击方法，而是反过来考虑，即如何对付黑客的偷梁换柱之计。

可能出乎许多人的意料，偷梁换柱的天敌竟然只有两个字，那就是"认证"。再具体一点就是：若想对付身份的偷梁换柱，就采用身份认证技术；若想对付信息内容的偷梁换柱，就采用信息认证技术。为什么会出现如此奇观呢？原来，从安全角度来看，网络世界是一个充满野蛮和原始的世界，在这里人们没姓名、没身份。在网络世界里，弱肉强食是最基本的生存法则。网络人只干两件事：攻和守。

为了攻，黑客既可以损人利己，也可以损人不利己，甚至可以损人又损己。一句话，网络世界失序了！谁能重建网络世界的秩序呢？当然，非"认证"莫属！于是，便出现了众所周知的场景：网络中的许多操作，都会要求你输入口令，以便对你进行身份认证，这样可以防止其他用户冒充你。虽然口令不是最安全的身份认证技术，但由于它最简单，最接地气，所以深受用户的喜爱，以至于许多人误以为口令就是认证的全部。其实，认证的内容非常丰富，非常高深，以致全球顶级网络安全专家至今仍在苦苦求索。

据不完全统计，到目前为止，仅仅为了在特殊情况下实现网上的身份认证，人们就已挖空心思，早把声纹、指纹、掌型、虹膜、脸型、视网膜、血管分布和 DNA 等都被当成贴在肉体的标签，用于你的身份认证。此外，你的签名、语音、行走步态、说话的语气，甚至狐臭体味等习惯特征，也都在你的身份认证过程中派上了用场。即使前面提到的口令，也可细分为一次性的、多次性的、动态的、静态的、双因素的、多层静态的、动态与静态融合的等口令。即使你的签名，也有数字的、软件的、硬件的、智能卡的、短信的等签名品种。反正，仅仅是身份认证，就已经至少有三类：基于秘密信息的身份认证，即根据你独知的东西来证明你的身份（你知道什么）；基于信任物体的身份认证，即根据你独有的东西来证明你的身份（你有什么）；基于生物特征的身份认证，即直接根据你独特的身体特征来证明你的身份（你是谁）；等等。

关于网络世界中的认证问题，除比较直观的身份认证外，还有更抽象的消息认证。此时，你必须面对抽象的消息，回答小区保安经常询问的三个基本哲学问题：你是谁？从哪里来？到哪里去？用行话来说，就是对消息内容进行认证（你是谁）；对消息来源进行认证（从哪里来）；对消息归宿进行认证（到哪里去），当然，还得对消息的序号和操作时间等进行认证。如果不解决消息认证的难题，网上传输的信息将会大乱，黑客就会至少干出这样的勾当：伪装，即向网络插入一条伪造消息，比如，"你舅有难，赶紧汇钱"；内容修改，即修改合法的消息内容，包括插入、删除、转换和修改等，比如，将"你欠我一百元"，修改为"你欠我一百万元"；顺序修改，即修改网络消息的顺序，包括插入、删除和重新排序，比如，将"我怕太太"改为"太太怕我"；重放攻击，对消息延时和重放，比如，用旧口令来充当新口令；赖账，否认自己在网上的以往所为，比如，删除上网痕迹，否认自己攻击过某个系统；等等。不过，所有这些针对信息内容的偷梁换柱，都有一个共同的特点，那就是充分利用了电子文档的修改无痕特性。而在传统世界中，所谓的消息认证根本就不是大问题，比如，你几乎不可能修改一张手写借条；即使篡改了，在法庭上也很容易被笔迹专家揭穿。

如何解决电子文档的消息认证呢？若你不怕专业术语难懂的话，那就请记住：消息认证码（MAC）、消息摘要码（MDC）、鉴别码、非对称密码、对称密码、散列函数、数字签名、零知识证明、多方协议、挑战应答等；反正，该清单还可以不断罗列下去。这些术语所涉及的技术，要多高大上就有多高大上；相关理论要多难，就有多难，而且还遗留了好多世界级的未解难题。不过，若把这层窗户纸捅破的话，其实消息认证的核心就是一种名叫"散列函数"的东西，它所基于的原理是一种非常简单的常识，名叫"鸽子洞原理"，其大意是说：假如你有 $N+1$ 个萝卜，却只挖了 $N$ 个坑，那么，无论你有多大的本事，要想把这些萝卜种完，则某个坑里至少要种两个或更多的萝卜。

除身份认证和消息认证这两种主要认证外，行为认证也是必不可少的，比如，哪些行为是合法的，哪些是非法的；哪些操作是善意的，哪些是恶意的；哪些是危险的，哪些是安全的……都应该有精确的判断。每个人都有自己的上网习惯，如果某天这个习惯突然变化了，那么这些异常行为的背后，很可能就有问题。一般来说，行为认证的技术核心，主要是统计，所以大数据分析在这方面将发挥重要作用。还有一种认证叫权限认证。其目的就是，要给不同级别的上网者，分配合适的权限：既不会因权限太小而影响工作，又不会因权限过大而越权行事，造成安全隐患。比如，谁有权阅读相关内容，谁有权拷贝，谁有权存取，谁有权修改等，都必须清清楚楚。总之，精度越细越好，使得每个用户的权限都好像是为他量身定制的一样。其实，这种认证是由若干技术综合而成的。用行话来说，至少包括了统一授权、集中管理和集中审计等安全认证管理。

此外，网络安全认证还有其他更复杂的认证，也还有许多需要巨额投资的认证，比如即将进入你日常生活的"CA 数字证书体系"等。而且，这些认证，在技术上千差万别，在理论上完全不同，在表现形式方面，更是眼花缭乱。但是，所有这些认证其实只做两件事：贴标签、验证标签！所谓"贴标签"，就是赋予被贴对象某种特性。如果再细分的话，又可分为两种。其一，先确认该对象具有这种特性后，再发给其证书，比如，你的健康证、护照、饭票等，都属于这种"标签"；其二，先赋予你某个"标签"所规定的权限，然后，你再依权行事，比如，邀请函、户口本等。所谓"验证标签"，其实就是将你出示的标签，与验证者预先拥有的档案进行比较：如果一致，则验证通过；否则，验证失败。

抓住了贴标签和验证标签的本质后，再回过头来看看前面的身份认证、消息认证、行为认证和权限认证等技术时，其思路就变得很清晰了！确实，在安全认证的过程中，除了贴标签，就是在验证标签。你看，你的小脸蛋，是不是已被当作贴在身体上的标签了？只要验证了脸蛋的真实性（与数据库中的脸蛋一致），那么你的身份也就不会假了。口令也被当作了标签，事先贴在账号上；如果你通过了验证，即你说出了正确的口令（与后台的存档相同），那么账号就归你使用了。所谓的散列函数，其实也是一个贴在被认证消息上的标签，如果验证了标签的真实性（被认证消息的散列与预存值重合），那么消息的真实性也就没什么问题了。你的权限也是一个标签，它标明了哪些事你能干，哪些事你不能干。

网络安全认证的标签可分为四大类：有形载体上贴的有形标签、无形载体上贴的有形标签、有形载体上贴的无形标签和无形载体上贴的无形标签。如果你嫌这些绕口令太长的话，没关系，可以暂时不管它。不过，请你千万别小看这一个个小标签，别看它们其貌不扬，若想建设网络秩序，还真少不了它们。标签辨明了敌友，标签也产生了矛盾。

历史上一个著名的行为认证故事，可能出现在《水浒传》的第四十三回。从前，有位认证者，名叫李逵；有位被认证者名叫李鬼。被认证者李鬼声称，自己是经过认证的"李逵"，于是，"拉大旗，作虎皮"，冒充自己是"江湖上有名目，提起好汉大名，神鬼也怕"的黑旋风，干起了拦路抢劫的买卖。一般小民见他脸上乌黑，手持两把板斧，便结合传说中的生理特征来验证其身份，相信了他的身份；于是，只好扔了行李，望风而逃。可是，某天李鬼遇到了李逵。这李逵，当然不会采用"生理特征来展开认证"，而是直接对他进行了"行为认证"：只简单地一过招，就把李鬼打回了原形。你看，"行为认证"还是很有用的吧。

早期最著名的权限认证专家，可能当数姜子牙。实际上，姜子牙发明的符节，已经成为数千年来，古代朝廷传达命令、调兵遣将等的权限认证手段。符节家族中，最著名的要数兵符和虎符了；使用时双方各执一半，合之以验真假。根据权限的大小，即调遣军队数量的不同，符节的原料可为金、铜、玉、角、竹、木等；比如，金质符节的权限大于铜质。到了宋朝，符节又演化出了腰牌，以此来标明官员的权限和官阶。即使到现在，符节也仍然被广泛使用。但愿你别碰到有人向你出示符节，并说："举起手来，别动，我是警察！"

安全认证技术看起来高大上，但它离每个人都很近。甚至可以说，你的一生，就是认证的一生，是背负各种标签的一生。既是争取光荣标签的一生，也是回避倒霉标签的一生。想想看，当你呱呱坠地时，护士小姐马上就给你做一标记，以防与别的宝宝混淆，这也许算是你的第一份认证吧。接着，有了自己的名字，一个陪伴终生的认证标签。然后，你开始读书、工作、结婚、生子等，并获得了毕业证、工作证、结婚证、退休证……直到最后，去阎王殿报到时还有一张死亡证明。所有这些证书，都是一次次的认证；除了有证书的认证，无证书的各种认证就更多了，比如，像什么家庭称呼呀，社会关系呀，被人背地里取的外号呀等，反正，各种用于认证的标签多得无法罗列。

第 26 计

# 指桑骂槐

大凌小者，警以诱之。刚中而应，行险而顺。

顾名思义，指桑骂槐的表面意思就是指着桑树骂槐树，指着这个人骂那个人，指甲骂乙，指鸡骂狗等。作为一个计谋，指桑骂槐是一种常用的暗示手段，或用杀鸡吓猴来树立本人威信，或用敲山震虎来警告他人，或用借题发挥来宣泄情感等。指桑骂槐的核心是用间接方法去影响他人的心理状态，以旁敲侧击达到自己的诱迫目的。此计既可对外，也可对内。

由于指桑骂槐对机器没有任何影响，所以在网络对抗过程中，此计主要涉及社会工程学攻击，毕竟只有人类的思想和行动才会被情感左右，才会受到暗示的影响。比如，网络骗子为了避免露馅，通常都不会把话说得太直白，而是尽可能地采用暗示方法来表达思想，以便进可攻，退可守。其实，许多网民都会偶尔施行几次指桑骂槐之计，比如，当你不便直接表达某种意见时，为了避免惹上麻烦，或为了不被对方抓住把柄，或为了彰显你的智慧和风趣，你通常都会借用指桑骂槐之法来表达自己的观点。

在网络安全的指桑骂槐研究方面，目前比较有代表性的成果主要出现在《黑客心理学》一书中，下面进行简要介绍。

**成果** 1，对付黑客的最基本办法之一是，减弱其攻击意愿，而敲山震虎式的指桑骂槐在这方面刚好能发挥重要作用。比如，通过严厉惩罚目前的黑客来警告未来的潜在黑客，让后者约束自己的行为，别轻易违反相关法规，否则后果自负。

黑客为什么会攻击他人呢？其原因很复杂，有一种"本能说"理论认为，包括黑客行为在内的攻击行为，是由基因设定的且与遗传相关，它是人类为确保自身安全而形成的一种本能。这种本能是经过长期进化而来的，攻击性强的个体，往往更具生存优势。另一种"非本能说"理论认为，人的攻击行为并非天生的而是后天习得的，或是因为受到了某种挫折而产生的反射。无论这些理论是否完美，它们都给出了一些借助指桑骂槐之计来减弱黑客攻击意愿的思路。

思路一是无害宣泄。它允许积怨者以适当的方式，包括指桑骂槐的方式，在一定程度上宣泄自己的情绪。既然人人都有一个本能性攻击的能量储存器，就应当不断以各种方式，使攻击性的能量以无害或低危的方式发泄出来。否则，若攻击性的能量滞存过多且突然集中爆发时，将会更加危险。此外，在可控程度上，让那些因遭受挫折而感到愤怒的人适当表现出一些攻击性行为，也能起到无害宣泄的作用。也就是说，让遭受挫折的人有机会发泄其愤怒，于是他随后的攻击意愿将会被减弱。除了直接发泄攻击行为之外，在某些特殊情况下，通过观看他人的攻击行为，也有利于减轻自己的愤怒，这也可看成另一类指桑骂槐吧。当然，在另外一些情况下，他人的攻击行为也可能适得其反，使得模仿者的攻击意愿更强，因此，指桑骂槐之计绝不能机械照搬，要具体问题具体分析。总之，寻求合理、合法的宣泄渠道，对减弱黑客的攻击意愿尤其重要。

思路二是习得性抑制。所谓习得性抑制是指，人们在社会生活中学到的控制攻击行为的经验，它主要包括下面三类。

一是社会规范的抑制。在社会进化过程中，通过潜移默化等暗示行为（当然也包括适当的指桑骂槐），人会逐步接受社会道德与规范，懂得哪些事情可以做，哪些事情不可以做；这当然也包括哪些攻击可做，哪些攻击不可做；等等。任何遵守社会规范的人，在急欲实施违反规范的黑客行为等攻击行为时，都会产生一种对攻击行为的忧虑感，从而有利于抑制攻击倾向。对攻击行为的忧虑越高，其抑制能力越强；反之亦然。

二是痛苦线索的抑制。这里的痛苦线索，是指被攻击者受到伤害的状态。这种状态可能导致攻击者的"感同身受"情绪被唤醒，使他把自己置身于受害者地位，设身处地地体会受害者的痛苦，从而抑制自己的攻击。曾经的被攻击体验，当然也包括被指桑骂槐的体验，在某种程度上，也能抑制攻击行为。

三是对报复的畏惧。当自己伤害他人后，他人也会加以报复。当施害者意识到这点时，也将在一定程度上抑制自己的攻击行为。

思路三是置换性抑制。若某人遭受挫折，但他又对施害者无可奈何时，他常会通过另外的方式来间接地满足自己的报负及欲望。一种方式便是置换报复对象，攻击那些与施害者相似的对象。比如，当两国关系突然紧张时，双方黑客通常就会攻击对方国家的网络。而且，相似程度越高的对象，所受到的报复性置换攻击就越厉害。比如，若两国的紧张关系是源于留学政策，那么也许对方国家的大学网络，就更容易成为被攻击的对象等。

思路四是通过寻找替罪羊来抑制攻击意愿。上述置换式抑制，一般发生在施害者身份很明确的情况下。若某人虽遭受挫折，他却不知道施害者是谁时，他通常会寻找一只替罪羊，把自己的不幸归咎于他人，并通过对他人的指桑骂槐式攻击来发泄愤怒与不满。这里替罪羊往往具有如下两个特征。

一是软弱性，即替罪羊很软弱，没有还击能力，通常的攻击者也会欺软怕硬。

二是特异性，替罪羊还具有一些与众不同的特性，这是因为人们总是对那些不同于自己的人抱有好奇心，而当此人又显得弱小时便会敌视他，遇到挫折时更会拿他出气。

成果2，指桑骂槐等间接暗示，将对黑客的态度和行为产生重要影响。

观察和模仿是人类的重要学习过程，抽象认知能力在这里扮演着非常重要的角色。当某人耳闻目睹别人的指桑骂槐行为时，他就会把观察到的经验（包括行为者的反应、行为后果及该行为发生时的环境状况等）储存在记忆系统中。此后，若有类似的刺激出现，他便会将储存于记忆系统中的感觉经验取出，而付诸行动。具体来说，黑客从观察别人的攻击行为到肆意发动自己的攻击行为，需要三个必要条件。

第一，以某个攻击行为做榜样，例如，榜样曾经用病毒攻击过仇人；

第二，榜样的攻击行为曾被肯定，或观察者自认为榜样的行为合情、合理；

第三，黑客所处情景，相似于当初榜样表现攻击行为时的情境。

以上三个条件缺一不可。此外，还得具有三个并非必要却充分的条件。

第一，黑客有足够的动机去注意榜样的攻击行为及当时的情境；

第二，榜样的反应与相关刺激必须储存于黑客的记忆系统中；

第三，黑客有能力实现曾观察到的行为反应。

若上述条件均具备，黑客在观察了行为榜样后，便可能产生如下三种效果。

一是黑客经过认知整理，将相关刺激线索联系起来，使自己习得了新的反应。

二是由于榜样的行为得到奖赏或处罚，黑客体尝到了替代的奖赏或处罚，从而修正了他已习得的行为表现。比如，榜样的电信诈骗行为若受到了严厉处罚，黑客就可能会吸取教训，不再做出类似的攻击行为；反之，一个成功的电信诈骗案例，可能会激励更多的模仿者。

三是榜样的行为可助长黑客表现已习得的行为，或者说，榜样的行为提示了黑客可以做些什么。

**成果 3**，网络攻击行为具有一定的"传染性"，甚至可能将普通网民诱导为黑客。

随着黑客攻击的技术门槛越来越低，普通网民都可以轻松地发起黑客攻击行为。另外，网络通信（特别是自媒体）的迅速普及，提供了更多的观察学习机会，因此黑客的攻击行为将更容易被模仿和传播。

在什么情况下，黑客的攻击行为才会"传染"给某位普通网民呢？一般来说，其必备条件有四个：

一是某种情景下的某种黑客攻击行为频繁出现；

二是网民经常地、有规律地接触到相应的黑客行为；

三是网民已经学会了如何实施相应的黑客攻击行为；

四是从思想上网民对实施该黑客行为有某种程度上的认可。

比如，"人肉搜索"就满足以上四个条件，所以它就很容易将普通网民引诱成黑客。特别是对小孩来说，他的攻击行为是否表现出来，在一定程度上都取决于以往榜样是否受到奖惩。但对成人来说，某种行为是否表现出来，主要取决于已经内化成型的道德观和价值观等，因此，黑客行为对成人的"传染性"就很弱。

**成果 4**，在网络对抗中，指桑骂槐之所以能发挥作用，主要归因于人类的合群性和遵从（服从）性。

先看合群性对网络对抗的影响。所谓合群，意指每个人都需要与其他人密切交往，这种交往不仅仅局限于家庭成员之间。每个人也都生活在不同群体之中，既会不断地被各种群体所影响也会不断地影响各种群体，既可以是指桑骂槐的受害者也可能是指桑骂槐的施害者。人类的合群性至少会带来如下三类攻击机会：

一是有助于社工黑客打入敌人内部，从而有利于后续攻击。

二是充分合群后，群体成员之间会越来越趋同，从而有利于提高攻击效率，甚至出现攻破一个成员后，与其相似的其他成员也将全都会被攻破。

三是充分合群后，群体成员之间的信息交流将更加密切，使得篡改、破坏或截获相关信息的机会更多，甚至可以拿第一个受害者当跳板，去远程攻击另一个受害者。此外，群体越大，黑客的自身隐藏也更简单。

再看遵从（服从）性对网络对抗的影响。当某人的活动是在模仿他人活动时，这种行为就称为遵从。若他人要求你做某事，即使你不太愿意，但终究你还是做了，这就叫作服从。遵从可看成服从的一种特殊情况，即屈服于群体压力的情况。

人类普遍存在遵从和服从现象，特别是当来自群体的压力很大，比如群体中其他人都做出同样的反应时，个人就会有强烈的动机去赞同群体其他成员的意见。若充分利用人类的遵从和服从本性，社工黑客便能对人类群体发动非常有效的攻击，比如，将被攻击目标（个体或小群体）纳入事先伪造好的某个大群体，然后就可以通过操控这个"假冒群体"来达到操控受害者的目的。其实，群体诈骗和各种依靠"托儿"来坑人的骗子们，早就在用这个办法了。社工黑客若想更加充分地利用人类遵从性和服从性，他就应该更多地关注如下七个方面：

一是"假冒群体"的规模要足够大（"托儿"足够多），使得被攻击的目标（个体或小群体）能感受到足够大的压力，从而迫使他们遵从或服从。

二是"假冒群体"的权威性要足够高（如"医托"常以专家或患者的身份出现），使得被攻击的对象能感受到足够的可信度。

三是"假冒群体"成员本身的意见要尽可能一致，因为一旦出现意见相左，遵从或服从的效果将大幅度减弱。

四是如果允许选择，社工黑客最好选择那些自信度相对较低的攻击目标。比如，最好别选择领导岗位的人员作为攻击目标，因为这类人群一般都承担群体的各方面责任，所以他们的态度很难随意改变。此外，领导都有足够的自信，其态度较坚定。

五是如果能够辅之以名利等诱惑，被攻击目标将更容易就范。

六是适时采用惩罚和威胁等压力手段，有时也有助于被攻击对象遵从或服从于黑客。但压力务必要适度，不能过大，否则会引发反弹，从而事与愿违。

七是有时对被攻击对象的引诱，需要循序渐进：或者先提小目标，再提大目标，以增加其服从性；或者先提大目标，被拒后再退为小目标，以讨价还价的方式来锁定对方的服从性。

总之，在社会工程学中，无论是攻防哪方，都需重视指桑骂槐之计。同时，普通网民应从黑客的社会工程学攻击方法中增强自己的防范意识和方法，从而预防并避免成为黑客的攻击目标。

# 第 27 计

# 假痴不癫

宁伪作不知不为，不伪作假知妄为。静不露机，云雷屯也。

假痴不癫意指假装痴呆，掩人耳目，却另有所图。比喻在情况不明时，宁可假装无知而不行动，不可假装知道而轻举妄动。特别是在战场上，有时为了以退求进或以静制动，就必须老成持重，装疯卖傻，后发制人。史上著名的假痴不癫故事之一，可能当数三国末期司马懿等待时机而在家中装病，最终诛杀了曹爽。

在网络对抗中考虑假痴不癫之计时，当然不能受限于"痴"与"癫"的概念。

首先，若只是针对软硬件等设备，那就根本没有假痴不癫之计中的人文含义，此时有代表性的假痴不癫技术，可能当数前面已经介绍过的网络蜜罐。它以假系统来假装暴露自己的软肋，吸引黑客前往攻击，然后趁机摸清黑客底细，以便采取进一步的安全措施。

其次，这也是最为重要的，若要从网络、环境和人员的体系上考虑假痴不癫之计，那么此计的核心也不是痴与癫，而是引诱对方的动机。至于是用装疯卖傻的方式来引诱动机还是用故意示弱的方式来引诱动机，其实都不在乎了。实际上，在黑客的社会工程学攻击过程中，假痴不癫之计始终扮演着关键角色。仅仅在电话诈骗案中，假痴不癫的实例就不胜枚举。所以下面只从更底层的角度去考虑黑客的动机诱惑问题，毕竟，成功实施假痴不癫之计的前提是：你已成功诱惑了对方的动机，单等他按你的意愿行动就行了。

在网络对抗中，黑客的攻击始终都是"非身体接触"的。换句话说，所有恶意操作都是你自己亲手敲击键盘而协助黑客完成的，一切致命的攻击信息也都是你自己提供的，全部有害指令还是由你亲自发布的。那你为什么要无情地"自杀"呢？奥秘就隐藏在"动机"这两个字当中，或者说，是黑客成功地诱惑了你的动机，让你心甘情愿地听命于黑客。实际上，一方面，黑客对你的攻击，不止一次，而可以是任意多次；只要有一次成功，他就胜利了。另一方面，黑客不仅攻击你一个人，他可以同时攻击网络中的很多人；只要有一个人中招，他也就胜利了。所以，从统计规律来说，黑客只要能成功诱惑网民的动机，那他就已胜券在握了。当然，如果黑客对其攻击对象有更多的了解，他就能更准确地诱惑受害者的动机，从而掌控受害者的行动，使攻击效果更佳。

一旦你的动机被掌控后，黑客的威胁将主要体现在三个方面：

一是吹响了攻击的冲锋号，或者说，激发了你的动机后，黑客的攻击就可以开始了。这是因为，动机是人的积极性的一个重要方面，它能推动当事者开始行动，例如，玩游戏的动机产生后，就可能点击藏有"木马"的执行代码。当然，动机的性质与强度不同，对行动的激活作用也不同。

二是有助于攻击的瞄准，使得黑客的目标性更强，攻击效果更佳。这是因为在动机的支配下，人的行动将指向一定的目标或对象。比如，针对你的购物动机，用虚假的商品打折，就更容易套取你的银行卡账号和口令等。针对你自视聪明，黑客就可装疯卖傻，引诱你放松警惕，暴露自己的软肋等。当然，动机不一样，行动的方向以及追求的目标，也不一样。

三是有助于攻击的维持和改进，增加黑客攻击成功的概率。这是因为，即使攻击行动已经开始，当事者是否会坚持该行动，同样会受动机的调节和支配。当行动有利于追求目标时，相应的动机便被强化，因而该行动就会持续下去；相反，当行动不利于所追求的目标时，相应的动机便被减弱，因而继续行动的积极性就会被降低，甚至完全放弃行动。当然，将行动的结果与原定目标进行对照，是实现动机的维持和调整功能的重要条件。所以黑客若想延长攻击时间，就必须随时让受害者误以为"胜利在望"，或误以为对方越来越痴癫。

但是，动机并不是那么容易被激发或控制的，它其实是相当神秘的内部心理过程，即使当事者本人，有时也意识不到自己动机的存在。所以黑客若想直接掌控受害者的动机，他可能将一无所获，并会很快因耗尽自己的动机而放弃攻击行动。幸好，别人的动机是可以间接激发和控制的，因为心理学家发现了一个重要循环关系：需求→动机→行动→目标→新的需求→……即人的行动是由动机支配的，而动机则是由需求引起的，行动又是有目标的；达到目标后，又会激发新的需求等。

更详细地说，这个循环关系表明：当人产生某种需求，而又未被满足时，便会产生紧张不安的心理状态；当遇到能满足此需求的目标时，这种紧张、不安的心理就会转化为动机；在动机的推动下，会进行满足需求的行动，向目标前进；当达到目标后，需求得到满足，紧张、不安的心理状态就会消除，这时，又会产生新的需求，产生新的动机，开始新的行动。如此周而复始。一句话，如果黑客能诱发受害者的某种需求，便可间接诱发其有害动机，进而让他朝着错误的目标前进。

与抽象的动机相比，需求就直观多了。刚才已说过，黑客若能成功诱惑当事者的需求，便能间接诱惑其动机，从而为假痴不癫之计的实施打下坚实的基础。

那么如何才能成功诱惑当事者的需求呢？所谓需求，其实就是人体内部的一种不平衡状态，它反映某种客观的要求和必要性。对黑客来说，最重要的是：需求能被人体感受得到，是人体内部或外部的稳定的要求。此处的"不平衡"，既包括生理的不平衡，也包括心理的不平衡。当需求得到满足后，这种不平衡状态就会暂时消除；当出现新的不平衡时，又会产生新的需求。换句话说，如果黑客能诱发出"不平衡"，便能诱发出需求。比如，用美女照片，就能诱发色狼的生理不平衡；对某些粉丝的偶像不恭的帖子，就能诱发其粉丝的心理不平衡等。

　　需求既可能来自当事者本人，也可能来自他周围的环境，但无论这些需求来自哪里，它们最终都会引起当事者的某种内在不平衡状态，于是便能转化为当事者的某种需求。比如，"帅哥"发财的愿望，既可能是自己的需求，也可能是准岳母提出的嫁女条件，但是最终都会转化成"帅哥"的内在不平衡状态。换句话说，如果实在诱发不出被攻击对象本人的需求，黑客也可以设法引诱其亲朋好友。然后，让身边环境的需求，逼出攻击对象的不平衡状态。换句话说，从黑客角度来看，到底需要诱发被攻对象的何种需求，应该由"该需求指向的客体"倒逼而确定。更进一步，到底如何选定被攻对象，也应该根据黑客自己的需求来倒逼而确定。

　　需求包括自然需求和社会文化需求。自然需求又称生物学需求，包括饮食、运动、休息、睡眠、排泄、配偶、生育等，每个人天生就有这类需求；黑客诱惑这些需求的难度较低，而且可选攻击对象的范围最广。社会文化需求是人类特有的需求，包括劳动需求、交往需求、成就需求、求知需求、社会赞许的需求等。这些需求的诱惑难度因人而异；而且能满足这些需求所指向的客体，也各不相同；因此，黑客在诱惑当事者的这类动机时，就必须做更多的量身定制工作。当需求未被满足时，就会激励当事人去寻找满足需求的对象，从而产生行动的动机。

　　除需求外，动机的高效产生还有另一个重要的东西，那就是诱因。所谓诱因，是指能激起当事者的定向行为，并能满足某种需求的外部条件或刺激物。例如，吃饭是人的生理需求，但食物的色、香、味就是诱因。更进一步，诱因还可分为正诱因和负诱因。正诱因产生积极行动，即趋向或接近目标；而负诱因产生消极行动，即离开或回避目标。换句话说，为了更高效地激发受害者的动机，黑客不但要诱发需求，还要充分利用正诱因。诱因是与需求相连的外界刺激物，更容易被黑客操作。诱因会引发人的行动，从而来满足需求。若无诱因，也就不会有相应的需求。实际上，人的行动，主要取决于需求与诱因的相互作用。

总之，在动机中，需求、诱因与目标彼此促进。具体来说，未满足的需求促使行动，并使该行动受各种诱因的影响，最后引向某一具体目标。若目标已达到，需求已被满足，动机也就减弱了，随后再产生新的需求，整个过程又重新开始。

此外，需求越具体，在诱惑动机时就越能有的放矢。比如，根据著名心理学家马斯洛的理论，人类的需求可分为五个层次：第一层生理需求，第二层安全需求，第三层归属和爱的需求，第四层尊重的需求，第五层自我实现的需求。关于这五个层次的需求，从黑客的角度来看，它们在诱惑动机时有下面四个规律。

一是激发越底层的需求所产生的动机就越强，受害者开始行动的可能性就越大。

二是对低级需求都还未被满足或甚至未被部分满足的人，黑客就没必要去激发他的高级需求，否则就是白费劲。

三是通常人到中年后，才会有自我实现的需求，所以"激发年轻人的自我实现需求"就不该是黑客的重点。

四是越高级的需求，就越难被激发，因为高级需求更复杂，需要的外部条件更多，包括社会、经济和政治条件等；但是，如果黑客必须攻击某位成功人士时，就得努力诱惑他的高级需求，因为他的低级需求早已被满足了。

除上述五个层次的需求外，马斯洛还提出了另一类需求，即认识与理解的需求，它催生了好奇心，也是一种强有力的需求。事实上，许多人，特别是科学家，在这种需求的驱使下，甚至不惜生命，也要刨根问底。从黑客角度来看，这类需求不必去激发，只需要充分利用就行了，反正是愿者上钩嘛。实际上，许多受害网民，也正是在好奇心的引诱下，点击了危害自身的操作。

一般动机的诱惑确实不容易，作为一种特殊动机，兴趣或爱好的诱惑却很直观，既容易实现，也不难控制。首先，兴趣的诱惑和利用都不困难，只需投其所好就行了。其次，判断某人在某方面是否有兴趣也不难，比如经常逛商场的人，通常对购物都有兴趣；怕水的人，很难对游泳有兴趣等。反正经过简单的观察或测试，便能较准确地判断某人的兴趣爱好。最后，兴趣被诱发后，受害者的后续行动也比较固定，变数不会太多。比如，"集邮狂"看见"龙票"后，一定会充分关注。因此，结合兴趣诱惑的上述三个优势，黑客基本上就能一气呵成，实现受害者相应动机的诱惑、利用、攻击成果测试、再诱惑……循环往复，直到黑客满意为止。

每个人都有多种兴趣，在选择攻击何种兴趣时，黑客还需注意以下五点：

一是兴趣的效能特点，即凡是对实际活动作用大的兴趣，其效能作用也大；反之亦然。形象地说，"大兴趣"的诱惑力大，"小兴趣"的诱惑力小。黑客将重点利用"大兴趣"。当然对不同的人，其"大兴趣"也不同。

二是每个人都有可被利用的兴趣。只是有的人兴趣广泛，有的人兴趣狭窄；有的人兴趣偏向精神，有的人兴趣偏向物质。

三是兴趣包括直接兴趣和间接兴趣。直接兴趣是对活动过程的兴趣，间接兴趣是对活动过程所产生结果的兴趣。从黑客角度看，直接兴趣的诱惑力更大。

四是兴趣的中心，即相对某个特定领域的事物，容易形成更浓厚、更强烈的兴趣。因此，当兴趣中心部位的事物被用作诱饵时，黑客得手的可能性就更大。

五是兴趣还可分为个人兴趣和社会兴趣。个人兴趣是指个人以特定的事物为对象，所产生的兴趣；社会兴趣是指社会成员对某领域的普遍兴趣。利用社会兴趣时，黑客的杀伤面更大，比如，有关某球王的代码，可能会让众球迷的口令被窃。但利用个人兴趣时，黑客的打击更精准。

总之，在网络对抗中，特别是在社会工程学中，实施假痴不癫之计的难点和重点就是如何引诱对方的动机，这也是所有黑客行为的最底层心理学基础。

# 上屋抽梯

假之以便，唆之使前，断其援应，陷之死地。
遇毒，位不当也。

有关上屋抽梯的最早故事，可能发生在以计谋著称的诸葛亮身上，只不过这次诸葛亮很罕见的是那位中计者而非施计者。原来，在东汉末年，刘表偏爱少子刘琮，不喜欢长子刘琦。刘琮的母亲害怕刘琦得势后影响儿子地位，所以她也非常嫉恨刘琦。身处险境的刘琦无计可施，多次想要请教诸葛亮，诸葛亮却一直不肯给他出主意，不想介入刘表的家务事中，毕竟诸葛亮既是刘备的幕僚，又与刘表沾亲带故。有一天，刘琦约诸葛亮到一座高楼饮酒。待二人入座后，刘琦暗中让人拆走了楼梯，然后诚恳地向诸葛亮求计道："今日上不至天，下不至地，出君之口，入琦之耳，可以赐教矣。"诸葛亮见状，无可奈何，只好如此这般地耳语了一番。果然，刘琦安然无恙地避开了内讧。刘琦引诱诸葛亮"上屋"，是为了求他指点。刘琦"抽梯"是断其后路，以打消诸葛亮的隔墙有耳之顾虑。

上屋抽梯的同义词主要有过河拆桥、鸟尽弓藏、上屋去梯和卸磨杀驴等。此计既可对敌，也可对友。对敌当然是为了消灭他，对友则是为了激励他，帮他下定决心。比如，教小孩游泳时，通常会把他扔进水里，然后在确保安全的前提下任由他挣扎。此时小孩别无选择，游也得游，不游也得游，无退路可言。上屋抽梯之计用在军事上，是指利用小利引诱敌人，然后截断后路，以便将其围歼。当然，敌人也不是傻瓜，不会轻易"上屋"，所以得先给它放好"梯子"，提供便利。等敌人"上楼"后，再拆掉"梯子"，并进行围歼。可见，此计实际上是一种诱逼计，其施计步骤大致可分为四步：

第一步，营造某种使敌方觉得有机可乘的局面（置梯与示梯）；

第二步，引诱敌方做某事或进入某种境地（上屋）；

第三步，是截断其退路，使其陷于绝境（抽梯）；

第四步，逼迫敌方按我方意志行动，或围歼敌方。

实施上屋抽梯之计时，必须把握好两个要点：一是"上屋"，二是"抽梯"。

先看第一个要点"上屋"。施计者让对方"上屋"的方法主要有三个：

一是欺骗，使对方不明真相，糊里糊涂地爬上屋去；

二是硬逼，断绝其他所有退路，使对方不得不上屋，就像逼上梁山；

三是以身作则，自己带头引领对方上屋，把大家的命运绑在一起，我上你也上，破釜沉舟便属于这种上屋法。

不过，由于黑客攻防战是无身体接触的博弈，所以很难硬逼对方就范，只能以巧获胜。再由于网络对抗双方都特别在乎自身的隐蔽，更难以身作则。因此，在网络对抗中，让对方"上屋"的最常用方法其实就只剩欺骗了。比如，对性贪者，以利诱之；对情骄者，示弱惑之；对莽撞无谋者，则设下埋伏以使其中计。

从黑客心理学角度看，引诱对方"上屋"的欺骗具有三要素：

一是在真伪性方面，欺骗的突出特点是"伪"，即捏造事实或掩盖事实真相。

二是在目的性方面，行骗都有预期目的。否则，即使某行为是假的（比如魔术），却不具有目的性，那就不能算作欺骗。

三是在社会性方面，欺骗是一种社会行为，产生于互动过程中，既可以是一个人欺骗另一个人，也可以是自欺欺人。

欺骗的种类非常多。从善恶角度来分类，既有善意欺骗，也有网络安全将重点研究的恶意欺骗。对于个人之间的欺骗来说，黑客表现为利己而害他，比如，电信诈骗；对于群体间的欺骗来说，黑客表现为利己却害他或利他。从涉及各方是否为个人来看，欺骗又可分为个人之间的欺骗、双向欺骗、自我欺骗、个人与集团之间的欺骗、社会欺骗等。按欺骗延续的时间来分类，又有瞬时欺骗、短时欺骗和长时欺骗等。

构成欺骗的必要条件包括：行骗者和受骗者的存在、特定的欺骗内容、必要的传递工具及畅通的传播渠道。行骗者的需要是产生欺骗的根源，受骗者的欲望是自己被骗的内在原因。被骗者被选中的原因主要有三个：

首先，对行骗者有利可图；

其次，在众多潜在的有利可图的备选中，受骗者的资源越丰富，欺骗的成功率越高；

最后，行骗比较"安全"，即使行骗失败后，后果也不太严重的对象。

骗子在骗你前，首先会营造欺骗环境，这主要有以下四个要点：

一是唤起你的信任感。其手段包括：用良好的声誉影响你（如让你身边的亲朋好友等都称赞他），用诚实、正直的形象感化你，向你展示开朗而富有魅力的笑容、可以信任的语调、令你羡慕的个人传奇，恭维奉承你，博取你的怜悯同情；当然还会针对你的个性，营造特殊的情境等。

二是装成老实人。这既是为了唤起你的信任，但也有它本身的特点，其本质在于，骗子让你觉得他很笨，这就解除了你的警惕性，以为在同老实人打交道，从而不再防备他的圈套。当然，此法的另一种变异就是：骗子让你觉得自己更聪明，于是，便可让你"聪明反被聪明误"。

三是利用伪证来引诱。骗子以间接的手段，提供某些信息，让你自己根据这些信息，自愿做出有利于骗子的判断。其技巧在于，提供了无可挑剔的定向事实后，你必然会据此做出自损的结论。比如，运用"托儿"来引诱你，而不是直接告诉"某大夫有多牛"。

四是设置"平行现实"。形象地说，就是制造相应的假象，吸引你的注意力，然后对你下手。

在网络对抗中，社工黑客行骗的常用方法主要有十八种。

（1）暗示法。此法成功的重要因素有三点：其一，施行暗示的人，对于受暗示者拥有绝对权威性；其二，受暗示者要有很高的受暗示性；其三，具体的策划必须巧妙、严谨，使受暗示者深信不疑。

（2）伪装法，包括物理伪装、心理伪装和生理伪装。伪装的最终目的，是给受骗者造成判断失误，包括知觉上失误（错觉）和思维判断的失误，因此，一切伪装最终都可归结为心理伪装。不过，物理伪装最直观，它又称为自然伪装，它利用对方的错觉，达到隐藏目的。比如，军事中常用的物理伪装有隐形伪装、象形伪装、变形伪装、听错觉伪装、嗅错觉伪装等。

（3）假面具法。这是一种典型的心理伪装，此时骗子扮演成某种角色来行骗，比如，冒充警察等。施行此法时，骗子必须具备三个条件：首先，有一定的基础，使得所扮演的角色不容易"露馅"；其次，需要有其他方面的配合，否则成功率将不高；最后，所扮角色要有一定的稳定性，否则也会失败。

（4）行为替代法。它其实是假面具法的一个特例，仅限于角色行为扮演（如假冒他人去失物招领等），不包括身份、语言、地位等的扮演。此法生效的前提是，受骗方不了解被替代者的外貌特征、语言、生活及行为习惯等相关情况。

（5）现场伪造法。此法生效的关键是，伪造得自然，丝毫不显做作，整个骗局无懈可击。伪造的隐秘性越好，对方就越容易上当。

（6）销毁痕迹法。它其实是现场伪造法的一个特例，高明的网络黑客，在退出你的系统后，一定会优先考虑运用此法。

（7）抵押法。骗子以人或物作抵押，骗取对方的贵重物品。此法的特征主要有：首先，表面看来，抵押物的价值更大，当然实则相反；其次，以假充真；最后，有时抵押物虽真，但也有其他问题，比如，用赃物作抵押等。

（8）愚弄法。骗子利用对方的愚昧或无知来行骗。此时，骗子的常见工具包括宗教迷信和科学技术等。

（9）插脚入门法，即先小骗，再逐步升级，施行大骗。在情感欺骗时，骗子就常用此法，一点一滴地加码，最终让对方欲罢不能。

（10）报酬引诱法，即给受骗者一定的报酬，达到行骗目的。这里的报酬，既可以是物质的，也可以是社会及心理的。

（11）长线钓鱼法，即放长线，钓大鱼。此欺骗法的特征有三：首先，骗局布设时间长；其次，隐蔽性很强；最后，骗子的行为较为统一，看起来符合正常的行为逻辑。卧底间谍，就是此类骗术的代表。

（12）证章伪造法，包括伪造证件、票证和印章等。

（13）认知协调法，即行骗者努力调整被骗者的认知，使得它与欺骗行为尽可能一致，从而达到欺骗目的。

（14）夸张法，此法可出现在几乎所有类型的欺骗行为中。夸张的内容包括：地位、身份、能力、富有程度、家庭背景、社会关系等。

在运用此法时，受骗者相信事件是真的，却不知事件的范围和规模；相信某人具有某方面的能力，却不知其能力究竟有多大。任何人都希望得到能人的帮忙，骗子正是利用了这种心理倾向，使用夸张法来行骗。夸张法还有一种变形形式，称为缩小法，即把前面夸张的东西缩小；当然，目的仍然是使对方上当。

（15）强制法。它采取强制手段，使受害者由被迫服从，到主动遵从。强制法之所以能生效，是因为强制能导致屈从，屈从可导致内化。

（16）恐怖法。此法与强制法，虽有相同之处，但更有差别：强制法借助武力，而恐怖法却是以后果的严重性来威胁，使受害者极度恐惧，并渴望获得解救；当骗子提出某种"良策"后，受骗者立即主动从之，并没有内化过程。从骗局的成因来看，强制法是由外力所致，而恐怖法却是由内部压力所致，比如，由愚昧无知所致的。

（17）信息控制法。它通过操纵信息的内容、数量等，来欺骗受害者，包括信息保密欺骗法（如隐藏婚外情）、信息中断欺骗法（如新闻封锁）和信息筛选欺骗法（如报喜不报忧）等。信息控制法的特点主要有：首先，信息操纵者有明显的功利目的；其次，经选择后传播的信息可能是真的，但让受信者误以为没别的重要信息；最后，如果未传递的信息仅是偶然事件，那受信者多半不会怀疑。

（18）权威作用法，即骗子冒充某方面的权威，招摇撞骗。当然，也有个别权威，依仗自己的影响来行骗。


再看第二个要点"抽梯"。

从军事策略来说，"抽梯"包含两层意思：一层意思是指诱敌深入而断其归路；另一层是指切断自己退路，逼自己背水一战，不成功便成仁。

从网络安全技术的角度看，"抽梯"主要是断绝后路的有去无回行为，比如，机要系统中的绝大部分间谍，几乎都已被"抽梯"，从而成为死心塌地的内鬼。从纯技术上看，最具代表性的"抽梯"模型可能当数著名的单向函数，即正向运算非常容易，逆向运算几乎不可能的函数。最典型的单向函数便是 $N=pq$，即当知道两个素数 $p$ 和 $q$ 之后，很容易算出它们的乘积 $N$；但是，当知道 $N$ 后，却很难算出 $p$ 或 $q$，特别是当 $p$ 和 $q$ 很大时，$N$ 的分解就更难了，以致全球数学家为此努力了 300 多年，至今仍未找到满意的答案，甚至今后可能还得借助量子计算机。单向函数是现代密码学的主角，实际上，每个公钥密码算法其实就是一个像意见箱那样的陷门单向函数。不过，由于相关知识过于专业，此处也就点到为止。

第 29 计

# 树上开花

借局布势，力小势大。鸿渐于陆，其羽可用为仪也。

树上开花意指树上本来没花，但可将假花粘在树上，取得以假乱真的迷惑效果。比喻借助别人的局面来巧妙布阵，把弱小的兵力打扮成强大的阵容。比如，将精兵分布在较弱的盟军阵营中，让精兵充分表现，以此造势，彰显强大，借以威慑敌人。由于战场情况复杂，瞬息万变，对方很容易被假象所惑，只要迷魂阵足以乱真，便可虚张声势，慑服甚至击败敌人。

在网络对抗中，与树上开花最形似的安全技术之一，可能当数拟态防御。它是一种主动防御，意在增强网络系统的自身免疫力，以此应对未知漏洞、后门或木马等威胁。此技术的灵感来自生物的拟态伪装。有些生物为了自身利益，通常会在色彩、纹理、形状和行为特征等方面模拟其他生物或环境，比如，变色龙和章鱼等都是拟态高手。对当事生物来说，巧妙的拟态能同时帮助它们攻和守。

类似于生物的拟态伪装，在网络对抗中，在服务功能和性能不变的前提下，拟态的策略性时空变化，都可以被巧妙地施加于网络的内部架构、冗余资源、运行机制、核心算法、异常表现等环境因素，还可被施加于网络中的未知漏洞、后门或木马病毒等处，从而给对方呈现出似是而非的迷幻场景，以此扰乱对方攻击链的构造和生效过程，让黑客的攻击代价倍增。拟态技术融合了多种主动防御手段，比如，以异构性、多样或多元性来改变目标系统的相似性和单一性，以动态性、随机性来改变目标系统的静态性和确定性，以异构冗余多模裁决机制来识别和屏蔽未知缺陷和威胁，以高可靠性架构来增强目标系统服务功能的柔韧性等。总之，网络拟态伪装有利于目标隐蔽，能使我方攻于无形，守于无影，并在持续性的高强度攻防博弈中抢占先机。

拟态安全在应对当前网络对抗"易攻难守"的现状时，其优势主要有二个：

一是有利于应对未知威胁的不确定性问题。实际上，借助众多未知攻击，黑客可以在"单向透明"的环境中隐秘地实施里应外合式攻击，守方却因先验知识和特征行为信息的缺乏，往往处于被动挨打的地位，甚至都不知道对手在哪儿，只好地毯式地实施安全性及有效性均无法量化的传统防御，如静态防御、动态防御和协同式防御等。

二是有利于主动出击，让黑客处于被动挨打的地位。传统的防御体系都是基于威胁特征感知的精确防御，都需要充分了解攻击来源、攻击特征、攻击途径、攻击行为等先验知识，其防御机理都属于后天获得性的免疫模式，通常都需要部署加密或认证等防御底线。在应对未知攻击时，传统防御在体制和机制上都很脆弱。尤其是在软硬件都不可信的环境中，传统防御只能随时亡羊补牢，无法防患于未然，更难保证加密认证环节不被蓄意旁路或短路。此外，目标网络的静态性、相似性和确定性等也有助于黑客识别目标、探测防御体系、检验攻击效果等。

拟态防御的安全性主要取决于四个指标：

一是不确定性，即它能在多大程度上迷惑黑客，让他不知所措，这是拟态防御的核心。

二是不可感知性，即它能在多大程度上使黑客在攻击链的各个阶段难以获得防御方的有效信息。

三是不可保持性，即它能在多大程度上使黑客失去可利用的攻击链稳定性。

四是不可再现性，即它能在多大程度上使黑客无法利用以往的攻击经验。

基于以上四个指标，拟态防御的安全性从高到低可分为三个等级：

等级 1 是完全屏蔽级。此时若受到外部入侵或内鬼攻击，拟态防御所保护的功能、服务或信息将不会受到任何影响，且黑客无法对其攻击的有效性做出任何评估，犹如落入信息黑洞一样，所以它是拟态防御的最高级别。

等级 2 是不可维持级。此时若受到内部或外部攻击，拟态防御所保护的功能或信息可能会出现时间和后果均不确定的"先错后纠"式自愈情形。此时对黑客来说，即使取得某些突破，他也难以维持其攻击效果，难以为后续攻击积累任何有意义的经验或铺垫。

等级 3 是难以重现级。此时若受到来自内部和外部的攻击，拟态防御所保护的功能或信息可能会出现不超过很短预设值的"失控情形"，重复这样的攻击却很难再现完全相同的情景。因此，对黑客来说，他取得突破的攻击场景或经验不具备可继承性，缺乏时间维度上的可规划利用价值。

在网络对抗中，与树上开花最神似的东西，可能当数舆情博弈时的谣言。这既是因为谣言最具迷惑性，也是因为谣言很容易被用来借势布阵。如果谣言的树上开花之计用得足够巧妙，赤手空拳者也可以影响国家安全。实际上，国外众多颜色革命，在很大程度上都归因于谣言的树上开花。实际上，造谣是独特的社会性欺骗行为，谣言则是故意捏造出来的，用于蛊惑人心的假消息。

谣言的特点主要有三个：

一是绝大部分谣言的内容，与生存及生活密切相关，因此其大众关注度很高。

二是参与谣言传播的人很多，传播速度快，波及范围广，树上开花的效果明显。

三是社会危害大。

造谣者的动机也主要有三个：

一是欲望，比如谋利等。

二是憎恶，比如抹黑别人等。

三是恶作剧，比如笑看信谣者的惊慌失措等。

谣言传播的途径，主要有两个：

一是大众媒介传播（如自媒体、广播、电视、报纸、杂志等），其特点是：速度快，范围广，欺骗性大。

二是非正式通信网络传播（如书信、口头言语等），该渠道中传播的谣言更容易被相信。

为什么许多网民会传谣和信谣呢？这主要归因于人类的下面七种心理状态：

一是需求。谣言内容与自身利益密切相关，内容越接近自己的需要或愿望，人们越容易接受它，且传播速度也就越快，范围就越广。

二是恐惧、不安。社会越不稳定，人们就越容易产生恐惧、不安、紧张等心理，这就越容易接受和散布谣言。因为散布谣言对散布者来说，可以分散自己的精神压力，即与他人共同承受那些令人不安的外在压力。

三是信息障碍。在缺乏可靠信息或信息渠道不畅的情况下，人们最易接受和散布谣言。越不清楚真实情况，就越容易散布谣言。

四是好奇。有些人散布谣言，纯粹是出于好奇。

五是从众心理。别人的议论，会对你形成极大的规范性压力。你如果与别人背道而驰，就会感到不安，所以，也就随波逐流了。

六是关心他人。一些人得知某个坏消息（谣言）后，担心不利于亲朋好友，于是，便将这些消息传给他们。

七是不良动机。此类人属于派生的造谣者。

谣言传播的规律，主要有下面三个：

一是谣言在传播过程中会变形（包括有意歪曲和无意歪曲）。比如，某明星生病，可能传到后来就变成：某明星去世。

二是性别与谣言传布也密切相关。一般而言，男人更关注和传播重大社会事件，女人更易于传播与生活相关或恐怖性的谣言。男人喜欢向其他男人传谣，而女人的传谣对象是男女不限。

三是谣言的传播速度。刚开始传播时速度较慢，之后逐渐加快，当达到高潮（几乎人人皆知）时又会变慢。

根据谣言的产生原因、传播特点及后果影响，对付谣言的办法，在不同的阶段其做法也不相同。具体来说，平时预防谣言的要点主要有下面四个：

一是疏通信息传播的渠道，确保重要信息能及时传递。同时，提高信息内容和传播途径的可信度。

二是提高网民的谣言免疫力，克服盲从倾向。

三是培养网民对事物的批判分析精神，降低受暗示性，克服从众心理，提高对谣言危害性的认识等。

四是加强对各种谣言的研究，比如，各种谣言的产生机制、传播规律、特征及辟谣措施等。

当谣言已经传开后，辟谣的要点主要有三个：

一是在积极预防的基础上及时发现谣言，并力求将其扼杀在萌芽状态。

二是一旦某谣言已广泛蔓延，应采取紧急平息措施，调查谣言的来源，弄清基本事实，掌握其性质（如传播方式、途径、规模、社会影响等），并及时披露真相。

三是尽早查出造谣者，并依法处理。

与谣言很相似但又不同的东西是谎言。实际上，谣言几乎都是谎言，但反之则不一定，比如暂未广泛传播的谎言就不是谣言。谎言主要有三个特征。

特征一，为了竭力使自己同谎言保持距离，说谎者在编瞎话时，都会无意识地避免使用第一人称"我"。比如，迟到的同事打来电话说："车出了问题，发动机坏了。"这很可能是谎言。但是，如果他反复强调"我"，比如，来电话说："我的车总熄火，我已叫人来修理了，我会尽快赶到。"那就可能是真话了。这是因为人在说谎时，会感到不舒服，会本能地把自己从其谎言中剔除出去。所以当你质问某人时，他若总是反复省略"我"，那他的话就值得怀疑了。同样撒谎者也很少在其瞎话中使用具体的姓名。比如，克林顿在莱温斯基性丑闻中，面向全国讲话时，就拒绝使用"莱温斯基"，而是说"我跟那个女人……"。

特征二，说谎者在编故事时，通常会避免细节。比如，迟到的同事若解释："昨晚喝酒太多，结果醉了，睡过头了。"那他可能就在撒谎。但如果他描述了许多细节，比如说："老王昨天生日，他叔叔送了一瓶陈年茅台，我本想只喝一小杯，结果老王非要一杯接一杯地让我喝……"那可能就是真话了。这是因为撒谎者不仅要虚构一个故事，而且还要编得让人信服，所以非常心虚，于是只好省略细节，简单编个大概就完了。

特征三，撒谎者编瞎话时，常会强调一些消极情绪，如生气、焦急等。例如，朋友赴宴迟到了，他的理由是，"真是太倒霉，先是车胎没气，然后又不得不送邻居去医院，总之，诸事都不顺，真是气死人……"这很可能就是谎言。说谎者通常会对撒谎行为心存内疚，同时又担心被人识破，所以撒谎时常用一些消极情绪的语言来掩饰。比如，上面朋友赴宴迟到的真话，更可能是这样的，"路上我的车坏了，好不容易回到家，妈妈的朋友又需要我送她去医院……"。

当然，仅凭有声的语言来判别谎言，也还存在一定的局限性。因为说谎者会对语言进行有意识的隐藏，不过，肢体语言更为诚实，它们是下意识的，是撒谎者较难以控制的。比如，当男性说谎时，一般不敢正视别人；而女性则相反，她们说谎时，会盯着别人的眼睛，以观察其反应。另外，撒谎前，眼神会飘移；在编好谎话后，会眼神肯定；若你冷静地反驳，说谎者会再次出现眼神飘移。为掩饰谎言，说谎者会不自觉地摸鼻子，用手掩口或用食指掩住上唇，抓面颊或耳朵，等等。说话时单肩耸动，表示对所说之词缺乏自信，也是说谎的表现。撒谎者面对质问，通常会先有些不知所措，然后借假笑的时间迅速思考，想出并不高明的谎言，然后异常坚定地回应；而且他会一直自言自语，越说越多，因为沉默时，会觉得别人还在怀疑他。某人在否定某件事时，若突然放慢语速，并加重其中某些字段的发音，那他很可能在撒谎。有关谣言和谎言的更多内容，请见拙作《黑客心理学》。

总之，在网络对抗中，若能灵活运用树上开花之计，不但可以壮大自己的声势，也可以在很大程度上威胁对方。一举两得，何乐而不为呢！

第 30 计

# 反客为主

乘隙插足，扼其主机，渐之进也。

顾名思义，反客为主就是颠倒主人和客人的身份。一般来说，主人居于主动地位，客人居于被动地位，所以反客为主就是变被动为主动，即充分利用机会，慢慢由弱变强，形成势力，直至最终掌控局面。后来，反客为主又用于比喻通过某种手段或方法，改变被动局面，掌握主动权；或者改变事物的主次关系，将配角变为主角。

从宏观上看，网络对抗在反客为主方面大有用武之地。比如，在伊拉克战争中，美英联军虽在远离本土的客方战场作战，却能借助其信息战优势，轻松地在战场上反客为主，让伊拉克在自家门口没有招架之功，更不要说还手之力了。如今回想起来，帮助美英联军反客为主的功臣主要有下面三个：

一是强大的信息系统，它使得战场态势迅速变得非对称化。战前，美军就构建了多维一体且功能强大的信息网络，为随后的胜利奠定了坚实的基础。比如，在情报侦察方面，美军依靠卫星和侦察机等，构成了立体且持续的情报侦察预警体系，确保了战场信息的获得和传递。而反观伊拉克军，他们不仅情报获取几乎为零，就连指挥通信网络也都被干扰瘫痪，完全处于下风。

二是有效的统一协调指挥系统。强大的信息系统帮助本该为客方的联军拨开战场迷雾，为空中的外科手术式远程打击锁定目标，为地面部队的闪电式推进扫清障碍。美英联军的监视系统将战场的地形、气象、敌军部署等情况明确告知地面部队指挥官，让伊拉克军的火力分布像秃子头上的虱子那样一清二楚，而伊拉克军则完全变成了睁眼瞎。总之，伊拉克战场对美英联军来说几乎是单向透明的，难怪美军的机械化部队能反客为主，以整建制师级单位长驱直逼伊拉克首都巴格达，宛如进入无人之地，全然没遇到任何有效抵抗。

三是全面协调的立体打击系统。美英联军依托其信息优势，很轻松就完成了一次史无前例的精确打击与一体化行动。原来，美军在战前就已拥有全球大部分地区的地表信息和数字图像，这就大大提高了各型导弹的打击精度。实际上，在伊拉克战争中，美英联军基本上实现了：想找的目标就一定能发现，发现的目标就一定能及时摧毁。此外，美英联军的多军种之间还开展多样化的协调行动，使得各个行动在总体上互相配合、信息共享、长短互补，大大提升了攻击效率，甚至大有将残酷的战争演变为远程游戏的趋势。

从微观上看，网络对抗中的反客为主及其防范技术非常多，它们都主要集中在身份管理和权限管理等方面，毕竟在网络中的"主"与"客"地位其实取决于操作者的身份和权限。换句话说，你若能窃取对方的口令等身份信息，你就能取代对方，当然也就实现了反客为主；你若掌握了对方的权限，你也就可以替对方做主。接下来，介绍几种常用的反客为主技术。

首先来看口令获取技术。口令是每个网民几乎每天都会用到的字符串，它既是你的身份代表，也是你的权限代表，更是你的信息系统的第一道防线。如果你的口令被盗，你的隐私将被泄露，你的存款将被取走，你的机密将天下皆知，你也会被黑客轻松地反客为主。

黑客获取你口令的办法主要有五招。

黑客盗号第一招：暴力破解。此法虽显笨拙，但是它很常用且还很有效。比如，在不增加额外限制的情况下，若想破解 15 位纯数字口令，其耗时只需零点几秒。所谓暴力破解，就是使用大量的认证信息在认证接口进行尝试性登录，直到获得正确结果为止。为了提高效率，暴力破解一般会使用带有字典的工具来进行自动化操作。目前已有许多现成的暴力破解工具，它们都能在一秒内找到由某个字典单词组成的口令。此类工具适用于许多环境，比如，帮助黑客破解无线调制解调器的口令，发现弱口令，对加密存储中的口令进行解码，以及运行所有可行的字符组合，等等。从理论上说，大多数系统的口令都可以被暴力破解，只要黑客有足够强大的计算能力和足够多的时间。因此，判断一个系统是否存在暴力破解漏洞的条件并非绝对，但若该系统没有采取必要的安全认证措施，比如只设置了长度较短且容易被猜到的弱口令，那么相应的暴力破解就更容易成功。总之，千万不要小看暴力破解，这种简单粗暴的攻击方式经常会带来奇效。

如何对抗黑客的暴力破解呢？办法主要有下面六种。

一是设置复杂口令。

二是最好在每次认证时都使用安全验证码，即后台系统每次都会通过独立渠道（通常是手机短信或电子邮件）向你发送一组字符作为本次进入系统时的一次性口令，而且该口令将在很短时间内失效。

三是最好对尝试性登录的行为进行判断和限制，比如，若连续5次错误登录，系统就会立即锁定相关账号或IP地址等。

四是最好采用双因素认证技术。这里的双因素认证是一种基于时间同步的认证技术，它利用时间、事件和密钥等变量来产生一次性随机动态口令。

五是对所有账户设置为不活动时间超过10分钟的就自动退出系统或锁定的策略。

六是开启账户登录记录日志功能，登录日志最少保存180天，登录日志中不能保存用户的口令。

黑客盗号第二招：流行口令库。大数据分析显示，全球最流行的100个口令，竟然可以登录全球约70%的网络账户。因此，黑客其实并不需要太长时间的暴力破解工作，他只需要逐一测试那些常见的口令，比如123456或password等，便能很快地进入某些账号，甚至反客为主地将其原来的主人赶走，因为他只需重新为该系统设置口令，于是原来的主人反而变成了客人，反而进不了自己曾经的系统。看来，弱口令确实太危险。

黑客盗号第三招：生日组合攻击法。本人、父母、子女、配偶的姓名、单位或小区名称、生日和电话及其组合等，都被经常用于开机口令，这当然就为黑客的反客为主提供了便利。

黑客盗号第四招：拖库。此法通常分为三步：

首先，黑客对目标网站进行扫描，查找其存在的漏洞。

其次，通过该漏洞在网站服务器上建立后门，再通过该后门获取服务器操作系统的权限。

最后，利用该系统权限直接下载备份数据库或查找数据库链接，将其导入黑客的计算机中。

在盗取口令方面，拖库法的危害性极大，这主要是因为许多网民都习惯于为自己的邮箱、微博、游戏、支付和网购等账号设置相同的口令。一旦数据库泄露，所有用户资料，包括口令都将公之于众。于是，任何人都可用这些公开的口令去各个网站进行尝试性登录，并很快获得丰收。拖库之法颇受黑客青睐，据不完全统计，仅仅是在2011 年 12 月 21 日这一天，就有超过 5000 万个用户的账号和口令被黑客成功拖库并在网上疯传，其中至少有 600 万个邮箱的口令遭到泄露。特别是随着网站实名制的推广，拖库造成的用户数据泄露事件将产生更加恶劣的影响。

防止黑客拖库的主要办法有下面六种：

一是分级管理口令。重要账号要单独设置口令，特别是常用的邮箱、网上支付和聊天账号等都要设置不同的口令。

二是定期修改口令，有效避免因网站数据库泄露而影响到自身账号。

三是禁用工作邮箱注册公开网络账号，以免口令泄露后危及企业安全。

四是网站数据库最好应该加密保护，即使被拖库也不会泄露用户隐私。

五是经常进行网站漏洞检测，及时发现网站挂马和内容篡改等行为。

六是别让计算机自动保存密码，别随意在第三方网站输入账号和口令。即使是个人计算机，也要定期在所有已登录站点中手动强制注销，确保安全退出。

黑客盗号第五招：撞库和洗库。所谓撞库，其过程如下：黑客通过收集拖库等泄露的互联网身份和口令信息来生成对应的字典表，接着用该字典表去尝试批量登录其他网站，最后便可得到一系列可以登录的账户。可见，撞库之所以有效，主要是因为很多用户有不良习惯，即在不同网站使用的却是相同的账号和口令，因而使得黑客能够通过"撞大运"等方式进入许多用户的账号。随着恶性拖库事件的增长，撞库的危害性也会越来越大。通过拖库和撞库后，黑客会取得大量用户的隐私数据，然后他们会进一步通过相关攻击手段和黑色产业链将有价值的数据变现，这便是所谓的"洗库"。

既然黑客有那么多盗取口令之法，普通网民该如何安全设置自己的口令呢？

首先，一定要尽量避免设置弱口令。比如，口令要尽可能长一些，至少包含 8 个字符，且还需是大小写字母、数字和特殊字符的复杂组合。口令不能是用户名或用户名的倒序，不能含有明显的规律性和特征。自己常用的字符（比如生日、姓名、身份证、手机号、邮箱名、单位名和时间年份等）最好也不要用作口令。

其次，要随时防范被撞库的风险。比如，不同网站的账号要使用不同的口令，不同的应用系统也要使用不同的口令，特别是那些风险较高的社交平台、电子邮箱和支付账号等，更要单独设置口令。务必重置系统发放的初始化口令，至少也要为该类口令设置较短的有效期，一旦过期就强制作废。不要重复使用最近几次已使用过的口令。

最后，要尽量避免拖库风险。虽然防止被拖库的主要责任应该由相关网站承担，但为了自身利益，普通网民还是应该有所作为。比如，定期修改口令，建议至少每 90 天更改一次。

此外，在你输入口令时，也要注意周边安全，防止被他人偷看。在各种社交媒体、电子邮件和短信等信息交流过程中，最好不要随意传递自己的口令。如果系统开启了找回口令的功能并要求你预设相关问题与答案时，你的预设最好能出人意料，以防止被别人猜中。

除了口令之外，为了防止被他人反客为主，许多网络系统还采用了诸如人脸识别等生物识别技术，实际上就是将人脸、指纹、声纹和虹膜等个人生物特征作为身份标识，只要黑客不能冒充你的这些特有信息，他就不能对你反客为主，除非他另辟蹊径。但非常遗憾的是，随着信息技术的不断发展，最近几年来，生物特征的假冒技术突飞猛进，这就对网络安全提出了新的挑战。实际上，换脸软件已经相当成熟，比如，你只需得到李四的一张普通照片，便可将任何一部影片的主角换成李四，让他在影片中尽情表演。目前的换脸技术已能轻松骗过市场上流行的人脸识别系统，它甚至催生了一种名叫"过脸"的黑客产业链，又称为"反人脸识别"产业。其核心业务就是将带有背景的人脸照片修改成必要的动态图像，让照片也能实现诸如眨眼、点头、摇头、张嘴等动作。于是，若无其他风险，黑客只需获得你的一张普通照片，便能代替你进入你的某些基于人脸识别的账号和系统，从而对你反客为主。

　　换脸技术的门槛正变得越来越低，人脸识别所面临的挑战也越来越大。特别是大量的人脸数据正在迅速流入公开市场，甚至有人低价出售海量的人脸数据库，这些数据有些来自公共场所的摄像头，有些则是针对特殊人群而专门采集的，有些还配有人脸的身份证号码、住址和生日等敏感信息。如此巨量的人脸数据不但能帮助黑客迅速提高其换脸水平，还能直接为黑客提供攻击目标。

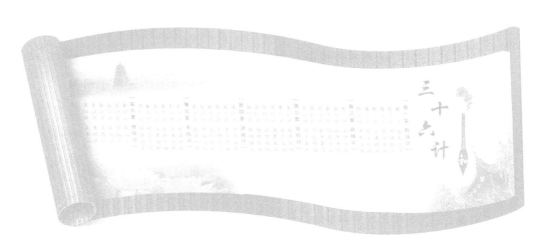

|第六套|

# 败 战 计

败战计是《三十六计》中的最后一套计谋，它是施计者处于不利状况下的一套反败为胜或退而自保的计谋。败战计共有六计，分别是美人计、空城计、反间计、苦肉计、连环计和走为上，适用于弱势方对战局的因时制宜和因地制宜。随着网络安全理论的不断成熟，特别是相关量化成果的不断丰富，网络对抗中的败战计将变得越来越精彩，甚至攻防双方的博弈路线都清晰可见。详细内容请见拙作《博弈系统论——黑客行为精准预测与管理》，此处只是点到为止。

为了更加形象地理解网络对抗中的量化博弈，先来回忆一下导弹打飞机的过程。在广阔天空中，即使在其射程内，你也很难用步枪把飞机打掉，因为当你瞄准飞机并扣动扳机后，当子弹射向飞机的原来位置时，飞机也在移动甚至有意躲避攻击，并早已离开了你曾经瞄准的弹道。但是如果是用导弹去打飞机，那么导弹在射出之前，就已经将目标信息存储在其记忆系统中，导弹在射出之后，它会不断地、迅速地根据飞机的当前位置，及时获得反馈信息；然后，根据该反馈，对自己的飞行方向进行微调。每次反馈与每次微调一起，就形成了一个名叫"迭代"的过程。最后，经过一段时间的多次迭代，导弹将越来越靠近目标，并最终将其击毁。由此可见，导弹打飞机的过程，可以简单归纳为一个"反馈＋微调＋迭代"的过程，也简称为赛博过程。

在导弹打飞机的过程中，如果"反馈"被切断（如反馈信号被敌方干扰等），那么导弹攻击就可能失败。如果"微调"不及时（如时间间隔太长或调整幅度过大）或"迭代"的频率过低（如反应不迅速等），那么导弹也可能脱靶。因此，导弹精准度的改进，关键就是优化由"反馈＋微调＋迭代"组成的赛博链。总之，只要反馈足够及时，微调足够细致，迭代足够迅速，那么导弹几乎能够击中所有被定位的飞机，甚至可以击中另一枚有意逃跑的导弹。当然，导弹袭击的目标也可以是静止的，这时成功的可能性就更大了。

如果将飞机比喻为黑客，将导弹比喻为我方，将飞机与导弹之间的距离比喻为我方对黑客行为的预测误差，那么当该误差等于零（或误差小于可接受的值，相当于误差小于导弹的爆炸范围）时，就可理解为飞机被击中了或黑客的行为被我方精准预测了，随后当然就能让黑客处于极端不利的败战中。其实，对于任何预定的量化指标，比如黑客所造成的经济损失等，都可用上述"反馈＋微调＋迭代"组成的赛博链来紧紧咬住黑客。只要我方的反馈足够快，微调足够细，迭代足够多，就能使得相应的预测误差从大变小，直到最终逼近于零或小于预定值。

具体来说，有关败战之中的黑客逃跑轨迹，至少已获得了如下量化结果：

若黑客的行为未受我方干扰（相当我方正在守株待兔），那么黑客的逃跑路径预测问题，其实就是某种常微分方程的求解问题。

若黑客的行为不再是独立的，而是受到了我方的有效阻击，黑客逃跑轨迹的预测问题，其实就是某种二元微分方程组的求解问题。特别是当博弈双方受到环境随时间而变化的确定性影响时，黑客的逃跑轨迹在整体分布与趋势方面都具有相当的稳定性和周期性等。

若双方的博弈受到了随机因素的影响，那么此时黑客的逃跑路径预测问题其实就是现代通信理论中常用的滤波器求解问题。

若博弈双方处于胶着状态，那么随后黑客的逃跑路径的预测问题反而相当困难。此时的情况类似于预测拔河绳索中心点的走向：当中心点在动时，只需预测"绳索按当前方向继续运动"就行了；当中心点处于静止的胶着状态时，随后的走向就更难预测了。在中心点处于静止的胶着状态时，若无外力干扰，双方将永远僵持下去。此时若有某种外力干扰，哪怕是非常微弱的干扰都可能引发拔河结果的突变。形象地说，这种微弱的影响便是那压死骆驼的最后一根稻草。

## 第31计

# 美人计

兵强者，攻其将；将智者，伐其情。将弱兵颓，其势自萎。利用御寇，顺相保也。

美人计可能是三十六计中适用范围最广的计谋之一。无论是古今中外的何种博弈（当然也包括网络对抗），只要施计者愿意，只要受计者正常，美人计都可能在某种程度上发挥奇效。特别是面对强敌时，美人计更是不可多得的一石数鸟之计。毕竟美人既可愉悦敌帅，也可消磨敌帅意志，还可削弱敌帅体质，更可引发敌方内部矛盾等。运用美人计时，最好要把握好以下三个策略：

一是投其所好。美人计中的"美人"其实只是一种比喻，可以是包括美女和金钱等在内的任何糖衣炮弹，而且还必须是对方非常渴望的糖衣炮弹，否则其杀伤力就会大打折扣。因此这里的美人只是外因，必须通过内因才能起作用。比如，若敌帅本来就不近美色，那么送上美女无异于"肉包子打狗"。

二是伐情损敌。美人主要攻击敌帅心理，通过阴柔的"伐情"来损敌，消磨敌之意志，挫败敌之锐气。

三是相机行事。美人计一般只是辅助手段，是为最终目的服务的。实际上，美人只能摧毁敌人的精神壁垒，若要最终歼敌还得依靠武力决战。因此，施用美人计时，还必须配合适当的其他努力。

美人计的核心是顺势利用敌人的严重缺点，使其自废武功，从而增强我方相对实力。美人计的奥妙在于，对于那些难以用武力征服的敌人，要用糖衣炮弹去腐蚀他，要从思想意志上打败他，要使敌人内部丧失战斗力，然后再实施硬打击。也许是为了吸引眼球，在影视作品中，美人计常被狭义地描述为色情间谍。比如，某些情报机关为了套取内幕，便以色情勾引当事者，将其收买为特务，诱其从事间谍活动等。

网络对抗中的美人计非常普遍，比如，许多计算机之所以会被植入各种木马，其实是因为计算机主人点击了黑客预设的某些色情网站链接。许多用户的口令和账号之所以会被黑客成功钓鱼，是因为黑客将色情邮件用作了迷人的钓饵。网络安全界著名的美人计中招者，可能当数维基解密的创始人，被称为"黑客罗宾汉"的朱利安·保罗·阿桑奇。

阿桑奇创立了维基解密这个非常神秘的黑客组织。该组织在伦敦的几个办公室都位于地下室，而且无固定总部，其9名核心成员一个比一个神秘，甚至只有阿桑奇本人的身份才是公开的。不过，该黑客组织却在全球拥有800余名志愿者。他们个个都是顶级黑客，隐藏在世界各个角落，都在全力以赴收集各国政府的敏感信息，并将它们适时公之于众，让政府难堪。

早在2007年肯尼亚大选时，阿桑奇就通过维基解密揭露了一些政客的内幕，随即他就不断遭遇惊险。一天晚上他刚睡下，几名匪徒就闯进房间，命他趴在地上。幸好他及时招来保安，才逃过一劫。从此以后，他就开始在全球漂泊，频繁搬家，足迹遍布肯尼亚、坦桑尼亚、澳大利亚、美国等各个国家，有时甚至一连几天住在机场。不过，阿桑奇并未停止其揭秘行动，比如，2008年，他又向外泄露了神秘的山达基教的保密手册，让教主无比愤怒。特别是在2010年7月26日，阿桑奇通过维基解密公布了9万多份驻阿美军的秘密文件，这使他瞬间成为全球焦点人物，也成了美国等多国政府千方百计想要除掉的"眼中钉，肉中刺"，美国当局严厉痛斥此举"将北约军队和阿富汗情报员置于危险之中"。可是，如何才能除掉阿桑奇呢？这是一个问题，一个大问题。

一是现行法律很难发挥作用，毕竟阿桑奇的做法在相当程度上有其正当性。即使他还成立过一个名叫"国际破坏者"的黑客组织，试图入侵美国国防部等政府机构网站，但在伶牙俐齿的律师面前，美国政府也基本上无计可施。比如，美国政府曾多次要求澳大利亚政府对阿桑奇进行监视，但遭到了澳大利亚政府的拒绝，毕竟澳大利亚政府也不敢明目张胆地违法。

二是阿桑奇还有很多护身符。除了拥有众多忠实支持者之外，阿桑奇甚至还公开威胁政府说：如果他遭到任何国家的逮捕或暗杀，或他的维基解密网站被政府永久删除，他的支持者将公布大量破坏性机密文件。他已将这些机密文件的"加密毒药"发给了各地黑客，其内容涉及英国石油公司墨西哥湾漏油事件、美军关塔那摩基地、美军在阿富汗杀害平民的视频，以及美国银行的众多秘密文件等。据说，这些"加密毒药"所用的密码算法，是最先进的密钥长度多达 256 比特的 RSA 公钥密码。借助现有的计算机资源和破译手段，基本上没人能攻破该密码，除非等到量子计算机诞生的那天。但只要阿桑奇公布了"加密毒药"的密钥，全球网民便可轻松阅读这些加密内容，让相关的政府和机构无地自容。

既然不能强行关闭维基解密网站，某些政府只好暗地组织大批黑客，对该网站进行长期的强势攻击。此举虽然偶有得手，但其整体效果很不理想，毕竟双方都是顶级黑客，不可能出现一边倒的情境，况且代表政府的攻击者还出师无名。

既然不能阻止活着的阿桑奇说话，那就设法让他永远闭嘴。许多高层人士和机构曾建议暗杀阿桑奇，但谁又敢在暗杀令上最后签字呢？毕竟这可能使签字者成为千古罪人，同时也使阿桑奇名留青史。况且暗杀行动风险太大，特别是面对一位全球满天飞且随时都受人关注的公众人物时，暗杀风险更大。

面对阿桑奇的疯狂挑衅，既然各国政府都无计可施，当然就只好使用美人计了。果然，很快就有一名瑞典女子声称自己被阿桑奇强奸，紧接着另一名女子也向警方举报说自己遭到了阿桑奇的性侵。虽然阿桑奇在第一时间公开声称"这些指控毫无根据。他们之所以这样做，是因为他们已被我们的解密文件搞得焦头烂额，这才使出了此类下三烂的手段"，虽然维基解密发言人也说"一些拥有强大权力的组织想要借机摧毁维基解密网"，虽然维基解密的一位高层人士也在微博中留言说"有人曾警告我们会被泼脏水，现在第一盆脏水已泼来"，但是，瑞典检察长办公室仍然迫不及待地向阿桑奇发出了通缉令，还在斯德哥尔摩对他实施了一个小时的审讯。阿桑奇当然拒不承认这些指控，并希望瑞典检方撤销起诉。紧接着国际刑警组织也对阿桑奇发布了红色逮捕令，甚至已在苏格兰机场布下天罗地网，意欲将他捉拿归案。

虽然后来警方不得不撤销了对阿桑奇的强奸指控，但仍旧起诉他性骚扰，毕竟性骚扰更容易莫须有。反正阿桑奇是否有过强奸行为已不重要了，毕竟美人计本身并不会彻底消灭对方。但从此以后，全球警方确实就开始对这位赤手空拳的超级黑客进行了为期近十年的围追堵截。其间的斗智斗勇过程之精彩绝不亚于任何谍战片，各国政府的奇葩行为更让人大开眼界，但为了避免喧宾夺主，此处只点到为止。比如，就在阿桑奇被全球通缉时，他却在 2012 年获得了厄瓜多尔政府的政治庇护，甚至长期躲进了该国驻英国大使馆，后来更获得了厄瓜多尔国籍。2018 年，迫于各方压力，厄瓜多尔政府不得不将阿桑奇移交给英方，紧接着美国政府就申请引渡阿桑奇。反正，经过一番眼花缭乱的政治博弈后，美国政府终于在 2022 年 6 月 17 日如愿以偿地拔掉了阿桑奇这颗眼中钉，而且此事自始至终的公开说辞都只与美色有关。可见，只要其他方面配合得足够好，美人计就能够发挥较大的威力。

美人计的心理学基础是什么呢？两个字，诱惑，更准确地说是性诱惑。从纯心理学角度来看，在三十六计中反复出现的诱惑、欺骗和谣言等都有许多重叠之处，但从社会工程学角度来看它们又存在许多区别，在具体计谋的运用方面更是有不同的技巧。

诱惑的核心，显然是诱饵！而吸引力最大且人人都难以抵御的诱饵之一，可能当数由荷尔蒙主导的性诱惑，毕竟按照马斯洛的"基本需求层次模型"，以性需求为代表的生理需求才是第一位需求。如果被诱对象对你的诱饵根本不感兴趣，那么相应的诱惑就必败无疑，毕竟"将欲取之，必先予之"。诱惑的最高境界是不损人利己而实现共赢。对普通人来说，诱惑力最大的诱饵便是色诱和利诱，色诱主要用于美人计，利诱则在许多计谋中发挥作用。一方面，包括色诱在内的任何固定的诱饵都不可能让所有人动心；另一方面，对任何人来说，都一定存在让他动心的某种诱饵。所以，在策划美人计等诱惑时，必须因人而异，因时而异，因地而异。如果某人未被诱惑，无非下面三个原因：

一是此人、此时、此地对你的诱饵没动心，比如，当时他也许太累，对美女没兴趣。

二是你没发现他的深层次需求，比如，出场的美人并不是他喜欢的类型。

三是你未从他的角度，拓展他的需求。

实际上，世间没有不动心的人，而只是诱饵是否值得他动心而已。因此，欲施美人计，还需在精心策划后方可实施。

非常奇怪，看得见、摸得着的现实诱饵，虽然对很多人具有吸引力，但是它的诱惑力不够强，持续时间也较短。真正强大的诱饵，其实是假想中的诱饵，难怪美人计中的美人必须能够激发上钩者的无穷想象力，否则，赤裸裸地送上美人反而会事与愿违。比如，最能激发想象力的诱饵其实是诸如理想和信仰等"高大上"的名词，难怪"成佛"这个诱饵，就能让悟空师徒克服美色等千难万险，走上漫漫西行之路。设计诱饵的奥妙在于：从复杂的现象中找到其核心，对简单事情进行直接的诱惑。另外，并非"诱饵大，诱惑力就一定大"，实际上，针对同样的诱饵，如果能让被诱者觉得"诱饵随时都会消失"，那么其诱惑力将更大。

诱惑力最大的另一种诱饵，可能出乎许多人的意料，那就是"空"，即什么都没有，什么都不知道。这种诱饵的心理学名词叫好奇心，它是人类的天性之一，这是由于人类对未知的事物特别感兴趣。史上最著名的好奇心诱惑故事，可能要数亚当与夏娃偷吃禁果，其实这也可理解为亚当中了夏娃的美人计。当然，也正是好奇心的力量，推动着人类社会不断发展。激起好奇心的原因，主要有两个：

一是人类有获取未知信息的客观需求。任何人的一生，总要不断与外界发生各种交互联系，既包括基本的生存需求，也包括更高层次的社会活动。但无论哪种交互过程，都要不断进行各种判断与决策，这就需要不断从外部（包括未知的外部）获取信息。

二是人类的进化程度，也已具备了获知和储存未知信息的客观条件。人的大脑在接收、组织、储存信息方面的能力，也已超过了生活需要。

从本质上讲，包括性需求在内的人的本性需求永远也无法满足。好奇心，就是人类希望了解未知事物的一种不满足心态。客观的需要与现实的可能，促使好奇心成为人类固有的心理本能。适当利用好奇心，就能准确抓住他人的兴趣点，为随后的诱惑打下坚实的基础。但是，由好奇心引发的兴趣，会随着谜底被揭开而逐渐褪去，这也是许多美人计以失败而告终的原因之一。许多"标题党"文章，虽吸引读者看了第一眼，但马上就被抛弃了。因此，若想维持好奇心的诱惑力，就不能让谜底一下子被揭开，而是层层递进，每次都留下更深层的谜底，这便是"欲知后事如何，且听下回分解"的奥妙。

第 32 计

# 空城计

虚者虚之，疑中生疑。刚柔之际，奇而复奇。

空城计可能是三十六计中最为老百姓津津乐道的计谋之一了，当然不必再复述当年诸葛亮在城墙上的惊险表演。此计的原意是指，本来兵力空虚却故意显现出不加防备的懈怠样子，使敌人难以揣摩，不敢轻易来犯。若在敌众我寡的紧急时刻运用此计，其结果将更加惊险莫测，甚至会"不成功，便成仁"。此计是一种典型的心理战术，主要利用敌人心理的相对弱势，因敌而巧用，因难而见奇，充分体现了兵无常势的博弈思想。如今，"空城计"已演化为一个成语，常用于比喻毫无实力却虚张声势，或故意向对方释放混乱信息，扰乱其判断。

在传统博弈中使用空城计时，尤其需要注意下面三点：

一是充分了解对手，因敌而用。空城计是典型的心理战，施计前必须知己知彼，特别是掌握对方的心理状况和性格特征。比如，若将城下那位狡诈多疑的司马懿换成张飞，他可能早已大吼一声，单枪匹马就杀进了城。

二是结合形势，因情而用。空城计的核心是"随机应变，以变制胜"，其关键是在心理上威慑对方，使其兵马未动，阵脚先乱。

三是择机而行，尽量慎用。空城计是典型的险计，只能作为敌强我弱时，兵临城下的一种应急措施或缓兵之策，万一被识破，后果将不堪设想。另外，此计也是被动之计，能否成功，将取决于敌人的最终行动。或者说，此计的主动权虽在我方，但最终效果取决于敌方。

在网络对抗中，切不可生搬硬套空城计。

一是因为在网络空间中，"空"的概念本身就很含糊且组成网络的软硬件等全无情感，更谈不上心理战。当然，从虚实结合的角度来看，像网络蜜罐那样同时展现多个目标，其中有真有假，有虚有实，让对方以更大的概率去攻击虚假目标，耗费其资源，这也可以在一定程度上理解为空城计的特例。

二是因为随着信息侦测手段的不断发展，若想隐藏自身实力，欺骗迷惑对手，其难度将越来越大，诸葛亮的"空城"将会越来越容易被看穿，施计的风险也会越来越高。但非常意外的是，也正是因为如今信息手段越来越发达，空城计却以另一种新的形式，即以认知战的形式在网络舆情对抗中闪亮登场，而且还变得越来越重要。甚至可以说，当前的俄乌冲突在很大程度上其实就是一场认知战，各方都在绞尽脑汁想要鱼目混珠，扰乱对方认知。而这正是空城计的精髓，即以虚实和真假的变幻莫测来扰乱对方认知，促使其做出错误判断和决策。

实际上，任何人做任何事的过程，都可按时间顺序分为四个阶段：感知、认知、决策和行动。因此，若能改变对方的认知，就能改变其决策，接着就能改变其行动，使得对方在不知不觉中，按照我方意愿行事。换句话说，认知战让攻防战场前置，从传统的决策阶段提前到认知阶段，甚至提前到感知阶段，使对方对战局的认识一错到底。

认知战是当代战争的一种新形态，是对抗性更强的舆论战，它的最终攻击目标是人，既包括前方的军人，更包括后方的平民。认知战所使用的武器既包括通信网络，也包括各种虚假和错误信息，更包括心理学和社会工程学等交叉学科。认知战不仅要改变人的想法，还要改变人的行为方式。比如，通过认知战，可以在和谐社会中播下不和谐的种子，煽动矛盾，使意见两极分化，群情激愤。认知战具有罕见的普遍性，从个人开始到国家和跨国组织都是参战方，全球的任何地方都可以是战场，认知战并无"战时"和"平时"之分，任何时刻都可以开战。总之，作为一种最能体现"不战而屈人之兵"的新型战争，认知战超越了现行的五个战域，它将与陆战、海战、空战、网战和太空战等并驾齐驱，成为第六个战域，也是综合性最强的战域。

形象地说，所谓认知战，其实就是"忽悠"，让对方阵营思维麻痹，神经错乱，甚至认贼作父等。认知战的特点主要有下面三个。

**特点 1**，认知战是成本最低的战争。在信息时代里，只要节奏操控恰当，便可通过各种信息平台发布海量信息，并以此来改变其他人的认知，当然也能改变敌对阵营的群体认知，使其自乱阵脚，甚至陷入自毁模式。由于信息操控的成本很低，这就使得认知战成为一种低成本战争，有时可能是零成本战争，甚至还可能是负成本战争。

比如，从认知战角度来看，当前的俄乌冲突其实是俄罗斯、美国、欧洲和乌克兰之间的战争。其中，美国对乌克兰的认知战基本上属于负成本，因为美国不费吹灰之力就获得了一个重量级战略盟友。从表面上看，美国好像军援了乌克兰几百亿美元，实际上这是美国对俄美博弈的投入。这笔军援对乌克兰而言不仅是今后的负债，还让曾经是苏联的重要组成部分的乌克兰，最终下定决心与俄罗斯决裂，毅然加入西方阵营，甚至可能很快就会成为北约的一员。

另外，这次俄乌冲突中美国对欧盟的认知战则是一场零成本战争，因为美国对欧盟几乎没有任何投入，结果却让欧盟全力以赴支持美国，共同对付俄罗斯。此外，由于能源制裁，欧洲承受了巨大的能源压力，导致欧洲资本和实业大量迁移美国，再次让美国发了一笔意外横财。

最后，这次俄乌冲突中，美国对俄罗斯的认知战更是一场低成本战争。从经济上看，美国只不过向乌克兰军援了几百亿美元，但美国以各种名义冻结了俄罗斯在全球金融系统中的约 3000 亿美元资产，同时还让俄罗斯在战场上遭受了惨重损失。从政治上看，通过这场认知战，全球对俄罗斯的认知也被重塑。

**特点 2**，认知战是综合技能最强的战争，它甚至需要不择手段。

比如，认知战需要信口开河地造谣，哪怕明知很快就会真相大白，但在瞬息万变的战场上，哪怕让对方的认知错位仅仅 1 分钟，也许就会改变最终结果。比如，在美国打击伊拉克之前，通过认知战，全世界都相信伊拉克拥有大规模杀伤性武器，都认为美国应该出兵。待到战争结束后，人们才发现，其实伊拉克从来就没有过大规模杀伤性武器，但谁会在意这个真相呢？！

认知战需要颠倒黑白，把好事说成坏事或相反，把真事说成假事或相反，把对的说成错的或相反。总之，只要让对方相信自己希望他们相信的东西就行了，哪怕这些东西并非真相。比如，本来是甲方在虐待俘虏，却偏要坚称乙方违规。

认知战需要推波助澜，需要有人带节奏。比如，本来只是小事一桩，却偏要通过各种手段将它发酵成惊天动地的大事。本来只是人际纠纷，却偏要将它提升为某种政治原则问题。反正，只要是为了满足认知战的需要，就不惜无限上纲上线，让小事变大，让大事爆炸，让无辜者躺枪，让异见者遭殃。

认知战需要捕风捉影。只要听见一丝"风"，就两嘴一张，开始随心所欲演绎各种跌宕起伏的精彩情节，语不惊人死不休。只要看见一点"影"，就随手一写，开始编撰光怪陆离的故事，不上热搜誓不罢休。反正只要尽可能多地吸引舆论关注就行了。比如，只要对方领导人几天没露面，便开始让许多"不愿透露姓名的权威人士"来介绍领袖的病情，或猜测上层斗争的最新进展等。在网络上，难怪普京经常遭受"政变"，难怪常听说俄罗斯人为了反战"基本上都离开了祖国"等，原来这些都是别有用心的人散布的谣言。

认知战需要深度参与。虽然网络"水军"很重要，但不能永远只让普通网民来传播那些有利于自己的舆情，不但要充分利用敌方阵营中持不同政见者的言论，还必须以其他方法安插或策反一些要员，让他们渗透到对方的要害部门，从内部影响其他人的认知。比如，俄乌冲突爆发前，美国就精准"预测"了俄罗斯出兵的行动。这让普京很是尴尬，若出兵吧，就应验了美国的神奇预测；若罢兵吧，又正中美国下怀，实现了不战而屈人之兵的愿望。

**特点** 3，认知战是对各种高科技手段最为敏感的战争，甚至这些高科技正在融合为名叫"认知科技"的交叉学科，它几乎包含信息领域各分支中的所有成果，如人工智能、计算机、网络通信和电子学等。总之，认知科技正在成为战争演进的基本动力，其发展趋势正变得越来越明朗。

比如，认知科技正在改变战争形态，甚至开辟了一个新的战域。随着信息网络的大规模普及，特别是随着数据规模的指数增长，认知战将变得越来越成熟并对战争的走向发挥越来越重要的作用。认知技术本身也会不断迭代发展，并通过各种规模的认知战来逐步深入地影响军事、政治和社会等各领域。特别是随着自媒体时代的来临，全球网民都被纳入了高度联动的统一体系，网络已成为各种利益群体全面博弈的作战空间，因此认知战将通过传媒之争成为高烈度军事行动的重要组成部分。难怪世界各国都已开始布局自己的认知科技，举办各种认知战的竞赛，通过建模和分析来谋求对普通网民认知的渗透，通过强大的算力来掌握认知领域的控制权。

认知领域正在成为混合博弈的重要战场，特别是意识形态宣传与灌输、价值观与文化的渗透、传统舆论战与法律攻防和信息网络战等，都已成为认知战的重要方面。如今，人类的交流方式正在发生复杂而深刻的变化，昔日的线下交流正在让位于线上交流，各种新媒体平台正在取代传统渠道，以致大型社交平台正在成为认知战的主要阵地。

战争将不再局限于传统的实体性威胁，正在转向认知战，如利用网络媒体引发大众意识形态的混乱。因此，传播平台的封锁与反封锁，主导与反主导将成为认知战的焦点，特别是国际话语权的争夺更成为认知对抗的主要方式。

认知优势正成为高端战争的制胜优势，特别是认知优势的联动与叠加将加速推进作战效能的转化，成为战争制胜的根本性优势。随着战争中作战数据的指数级增长，指战员开始面临数据沼泽、数据迷雾和数据过载的认知困境，因此拥有信息优势并不等于拥有认知优势。实际上，认知优势具有四个关键指标：更强的信息获取能力、更快的人工智能机器学习能力、更有效的突发事件处理能力和更高的开发应用新技术和新知识的能力。今后必须借助人工智能等技术来实时处理海量数据，帮助指战员解决信息过载问题，快速形成认知优势，并由认知优势来主导决策优势，再由决策优势主导行动优势。认知战已与传统战争高度协同，这种虚实一体的作战模式具有更强的作战效能。

认知理论正成为前沿科学，它将加快认知战向智能战的转化进度。认知战是软硬实力相结合的一种新型对抗，是影响国家安全的重要因素。随着认知空间的渗透与反渗透、攻击与反攻击、控制与反控制的争夺越来越激烈，认知战已成为赢得未来战争的战略制高点。

总之，由空城计演化而来的认知战，也许会使未来的战争呈现全新景况。

第33计

# 反间计

疑中之疑。比之自内，不自失也。

反间计是大家既熟悉又陌生的一种计谋。之所以说大家对反间计很熟悉，是因为反间计的含义之一为分化离间，在许多影视作品中已被反复渲染。以致反间计常被狭隘地理解为在敌人内部挑拨是非，引起纠纷，制造隔阂，破坏团结，使之反目为仇，从而削弱敌方实力。此时的反间计是从心理上打垮敌人，从根本上瓦解敌人，让敌方内部各个利益集团之间见死不救或幸灾乐祸，甚至暗中使坏。

之所以说大家对反间计很陌生，是因为反间计还有另一层含义，即充分利用敌方安插在我方内部的间谍或使节，让他们或者变节，或者在不知不觉中为我方服务。比如，充分利用他们来获取敌方的真实情报，或将我方的虚假情报传递给敌方，从而扰乱其决策。敌人的间谍之所以能被我方利用，一是因为很多间谍都受利益驱使，有奶便是娘；二是因为很多间谍在被捕后经不起考验，或主动或被动地成为双面间谍或多面间谍。

可见，反间计是在识破对方阴谋后，再巧加利用的一种计谋。它是所有三十六计中最微妙且施计难度最大的一种计谋，在任何细节上的疏忽和不慎，都有可能招致满盘皆输。使用反间计时需要特别注意两点：一是注重后续行动的协调。当成功迷惑和欺骗敌人后，若无后续行动，反间计将前功尽弃。二是巧妙布局，隐真示假。当识破对方间谍身份后，如何巧妙传递假情报，同时隐蔽自身活动和意图，避免被对方察觉，是反间计能否成功的关键。若稍有不慎，被对方识破，反而会弄巧成拙。因此在施行反间计时，务必做好以假乱真的工作。这里的假要假得巧妙，假得逼真，使敌人上当受骗，做出错误判断并采取错误行动。

为了对付反间计，需要特别重视下面四点。

一是做好信息封锁工作。凡属重要信息，特别是关键时刻的重要信息，绝不随便泄露，对所有无关人员都要严加保密，特别是对那些有可能接触到对方的人员更应保密。如此一来，就算我方间谍已被敌方收买，他也无法获取重要情报。

二是我方派出的间谍要可靠。既要有过硬的身份背景，也要有高超的间谍技巧，更要有坚定的立场和意志。此时的选人、用人和控制人都要慎之又慎，绝不可轻敌大意，绝不可让我方间谍或多面间谍失控。

三是对获取的情报要进行反复推敲。就算我方派出的间谍绝对可靠，他所获取的情报也不一定可靠，甚至可能是敌方故意释放的假情报，因此需要反复推敲，宁可信其假，也不盲目采信，以防掉入敌方精心设计的陷阱中。

四是采用多方取证的办法来相互检验。在同一地点，针对同一事情，甚至可以派出多个间谍，让他们独立从不同侧面获取情报。若这些情报相互矛盾，那就更需小心再小心。

在网络对抗中，若不考虑人的因素，那么计算机病毒，特别是常驻型病毒的行为就很像是黑客在实施反间计。你看，常驻型病毒会隐藏在用户的计算机里，一旦时机成熟，比如，当操作系统运行某个特定的动作时，它们就会像癌症细胞那样，不断分裂，不断复制自身，不断感染并消耗系统资源，不断帮助黑客作恶。有时它们还会感染杀毒软件，这无异于在太岁头上动土。为了不被杀毒软件发现，它们也会"静若处子，动若脱兔"。

特别是一种名叫木马的常驻型病毒，它从内部破坏计算机，这是不是像反间计的行为！实际上，木马通过特定程序来控制对方计算机，它的行为有点像是一个主人（控制端，反间计的施计者），远远地牵着一匹马（被控制端，被控制的"反间"）。不过，木马与许多病毒不同，它不会自我繁殖，也并不刻意感染其他文件，相反却要尽量别动，像间谍那样待在那里，尽量伪装自己，别引起外界的注意，让用户在不知不觉中将其植入自己的计算机，使其成为"被控制端"。

待到冲锋号响起后，黑客在控制端发出命令，于是"隐藏在木马中的士兵"就开始行动，或毁坏被控制端，或从中窃取任何文件、增加口令，或浏览、移动、复制、删除、修改注册表和计算机配置等，甚至远程操控被控制的设备。

仅从行为上看，木马与常见的"远程控制软件"很相似，只不过，后者是"善意"的，是为了远程维修设备或遥控等正当活动，因此不须隐瞒；木马则完全相反，隐蔽性不强的木马毫无价值，就像身份暴露后的间谍全无价值一样。

木马十分精巧，运行时不需太多资源，若无专用杀毒软件，将很难发现它的踪迹。它一旦启动，就很难被阻止，因为它会将自己加载到核心软件中，系统每次启用，它就自动开始运行；干完坏事后，它还会立刻隐形（自动变更文件名），或马上将自身复制到其他文件夹中，还可以不经用户准许就偷偷获得使用权。

木马家族人丁兴旺，至今已经 N 世同堂了，包括但不限于，第一代，祖爷爷级，主要通过电子邮件窃取密码；第二代，好心办了坏事的意外产物，能实现远程访问和控制；第三代，利用畸形报文传递数据，使其查杀识别更难；第四代，隐藏技巧大幅度提高；第五代，升级为驱动级木马，甚至可干掉其天敌（杀毒软件及防火墙）；第六代，不但能盗取和篡改用户敏感信息，而且能威胁最新的身份认证法宝：动态口令和硬证书；等等。

除了病毒和木马之外，还有一类专门从事间谍活动的软件，其名称叫作"间谍软件"。顾名思义，此类软件能在用户不知情的情况下，从事有损用户利益的若干间谍活动，比如，在用户计算机或手机上安装后门，收集、使用和传播隐私信息，监视击键情况，获取电子邮件地址，跟踪浏览习惯，削弱用户的控制能力，消耗系统的计算和存储资源，甚至使用户的计算机被远程操纵或被纳入庞大的僵尸网络等。

总之，间谍软件的破坏能力还在不断增强，国际化趋势也在不断明朗，隐身能力更在日益提高，甚至在视觉效果和感官上都力求与反间谍软件类似，以便混淆视听，让用户在安装反间谍软件时反而引狼入室。

如何预防间谍软件呢？主要思路有下面九点。

一是利用手动或反间谍软件，将已知的间谍软件及其生产商放入黑名单，将它们彻底屏蔽在自己的计算机之外。

二是务必谨慎安装随软件附带的各种插件，必要时可先采用专用工具对它们验明正身。

三是不要轻易安装共享软件或"免费软件"，这些软件中常含有广告程序、间谍软件等不良软件。

四是经常更新自己的操作系统，经常使用反间谍软件对系统进行扫描和清理，及时打上安全补丁，封堵相关漏洞。

五是使用可以监视通信情况的防火墙，以便禁止不明程序来访。

六是随时检查系统中是否还有残存的不明程序，特别是那些内核级的恶意程序，若有就要及时清除。

七是不要浏览不良网站，其中很可能藏有间谍软件，它们会趁机进入你的计算机。

八是采用安全性较好的网络浏览器，并注意修复系统漏洞。

九是尽量不连不明 Wi-Fi，杜绝间谍软件乘虚而入。


在网络对抗中，若要考虑人的因素，那么施行反间计的基本手段无非就是欺骗、策反或收买等社会工程学方法。由于前面的相关章节已介绍过"欺骗"部分，再由于"收买"部分比较直观，只要肯出高价，几乎任何人都能被收买；因此，此处只重点介绍"策反"部分。

从行为上看，策反的核心其实是"说服"。说服，以声音开始，以行动结束。说服能否成功，取决于所用论据是否充分。这里的论据，必须是指那些被说服者在某种动机引导下的需要且有能力思考的论据。如果论据充分，其说服力就强，就容易令人信服。你若想成功说服对方，就必须在以下方面用功。

（1）通俗易懂地表达己方的观点，否则对方的注意力可能被干扰。

（2）事前充分了解对方的动机，并正确判断他的反应，以便有的放矢。

（3）要努力使自己看起来与众不同，比如，显得更可信等。

（4）充分利用心理学手段，比如借助从众效应：聪明人都在这么做，而你正好是聪明人。

（5）深入角色：一方面，要真正进入自己的角色，因为以旁观者身份进行的说服很难成功。另一方面，要勤用换位思考，随时让你成为他，否则你就不懂他在想什么，他真正想要什么。

（6）努力使对方心情愉快，确保与他平等对话，互动沟通，实现双赢。

（7）不能感情用事，更不要与对方争吵。

（8）不回避社会潜规则、人性弱点、环境的诱导因素等，使得他"自愿做出的正确选择"刚好与你的愿望吻合。有时候，人们做出决定，并不是因为该决定正确，而是它合理：我必须这么做，虽然有所保留。

（9）不能急于求成，"耐心等待"才是说服对方的有力武器。

（10）通过各种途径，向对方提供有利于己方的证据，并引导他进行你期待中的思考，最终得出"正确决定"，完成你的说服工作。

（11）给对方提供证据时，并非越多越好，而应该将证据进行有选择的组合，突出己方的观点，剔除有害信息，引导和暗示他进入己方预设的路线。若有必要，此时可能还需要帮手，来营造相应的旁证，形成有利环境等。

（12）展现己方的魅力并利用他的爱好，尽力彰显你们的共同点。

（13）"怎么讲"比"讲什么"更重要，比如，最有力的证据，就要最先出示；要努力给被说服者留下良好的第一印象等。

（14）必须满足他的某些需求，给他足够的安全感，否则就不能实现双赢，他当然就不可能被你说服了。

（15）充分利用情绪武器，比如，在对方心情愉快时，开展说服工作；必要时，可通过例举一些严重后果来达到目的。

（16）说服工作是一个系统工程，别指望一蹴而就，只要每次都能达成下一步，就能在妥协的基础上，最终达成共识。

（17）重视突发危机的处理技巧，比如，面对突发危机，不能对问题进行过分的修饰和推诿，必须及时传递出某些积极的关键信息，展现解决问题的诚意、力量和信心等。

（18）平常注意维护好自己的声誉，因为一旦被贴上缺乏诚信的标签后，你就不可能说服任何人了。

（19）不可否认，钱权等外力也具有非常强的说服力，不能假装忽视。

（20）说服别人时，你自己首先得有主见，立场坚定；否则，就没有说服力。就算有时你的"主见"是错误的，只要坚持到底，表现出强烈的自信和倔强，对方也可能会被你说服。

（21）会讲高素质的闲话，包括"高大上"的闲话、吸引人的闲话等，因为在说服过程中，有时不得不故意消磨时间或转移话题等。

（22）必要时，要给予适当的利益诱惑。此处的利益，包括但不限于金钱、情感、诚信、知识或心灵安慰等物质和精神利益。因为说服的本质，其实就是一种交易；要让被说服者感到他的"正确决定"能获得好处，毕竟人的本性就是趋利避害，而且许多人在利益诱惑下，会变得弱智。

（23）如果你实在不能说服对方，就要想办法把他绕糊涂，但你自己要保持清醒；时刻准备发动有力一击，在最有利的时候切入正题，拿下对方。这是说服的软战略，也是剑走偏锋的奇招，不可不察。

当然，"说服"绝不仅仅是一个技术活，还需要实力基础。比如，一个人的地位越高，越有威信，越受人尊重，他说话做事，就会越有说服力，也就越容易引起大家的重视，大家也就越相信甚至臣服于其正确性，反之亦然；这便是所谓的"人微言轻，人贵言重"。其实，"权威崇拜"意识和习惯普遍存在，大家都觉得权威人物总是正确的，服从权威更有安全感，能增加不出错的"保险系数"；当然，地位与权威密切相关，一般来说，地位越高，权威也就越大，人们也就越容易对他盲从。

反过来，对抗被说服的招数也不少。比如，所谓的"接种效应"，即当某人持有某种见解后，若从未受到过其他刺激，那他就不会建立任何"防御工事"。当他突然遇到相反意义的说服性诱导因素时，就会产生新鲜感，容易丧失原来的立场，从而改变态度顺应新观点。相反，如果此人预先经受过此类见解的刺激，哪怕是轻微的刺激，那么在他心里，就会围绕该种观点建立较强的"防御工事"，从而可以经受强力的劝说。

第 34 计

# 苦肉计

人不自害，受害必真。假真真假，间以得行。
童蒙之吉，顺以巽也。

苦肉计是一个老少皆知的计谋，所谓"周瑜打黄盖，一个愿打，一个愿挨"便是其典型案例。在军事上，苦肉计是通过故意毁伤身体以骗取对方的信任，从而进行反间的计谋。可见，苦肉计其实是一个辅助性的计谋，自残只是手段，最终消灭敌人才是真正目的。苦肉计广泛用于社会生活各方面，比如，厂家利用苦肉计，含泪销毁残次品，用以引起顾客注意，树立企业良好形象，为下一步的产品畅销埋下伏笔。又比如，街边乞丐不惜自残（或假装自残），以博得路人同情。苦肉计的实施步骤主要有假戏真做、获取信任和先失后得等三步。

苦肉计之所以能生效，是因为按常理任何人都不会主动伤害自己，若是他受到某种伤害，那一定是某种自己无法抗争的力量所导致的后果，受害者所声称的受害原因也一定是真的。因此，苦肉计的施计者便可通过自害来蒙骗他人，实现预定目标，比如，取信于敌、欺骗敌人、打入敌人内部、分化瓦解敌人等。苦肉计的核心是获取对方信任，而怀疑则是人类的一种正常心理，它约束着人们的决策和行动。在缺乏长期信任的情况下，打消别人怀疑的最快且最有效办法之一便是苦肉计，它既能以真乱假，也能以假乱真。使用苦肉计时，一定要小心慎重，可用可不用时尽量不用，除非已经到了孤注一掷的地步。一是因为施计者必须首先自我伤害，有时甚至是很大的伤害，否则就不会引起对方的注意。二是因为苦肉计还是一个险计，操作难度极大，若被对方识破，不但无法弥补自残损失，甚至可能还会被敌人将计就计，赔了夫人又折兵。

由于设备和网络并没有感觉和感情，因此不能将苦肉计生搬硬套到网络安全中来，但苦肉计的思想在网络对抗中扮演着非常重要的角色。

首先，若只限于考虑社工黑客，那么战争中的苦肉计基本上可以原封不动地照搬到网络对抗中。比如，黑客可利用"卖惨"的电子邮件来发动钓鱼攻击，声称自己罹患了某种绝症来骗取对方的敏感信息等。实际上，社工攻击中所采用的手段与传统兵法几乎没有区别，这里就不再赘述了。

其次，若完全不考虑人的因素，那么只从形式上看的话，早期最像苦肉计的东西可能当数姜子牙发明的阴书，它利用自残方法解决了信息的保密问题。实际上，姜子牙将一张秘密文件撕成碎片（这相当于自残），然后让不同的士兵将不同的碎片通过不同的渠道传递给同一个收信方。最后，收信方再将这些碎片重新拼接复原就行了。如果这些碎片的一片或数片被敌人截获，那他也照样不知所云。姜子牙的这种信息切割思路若算苦肉计的话，那么在今后的隐私信息保护过程中，信息切割将发挥重要作用。毕竟，只要隐私信息的内容与其拥有者之间的关系被脱钩了的话，那就不再有隐私泄露的问题了。比如，就算面对一张不雅照，若当事者的脸已被遮挡或身份不明，那就没有谁的隐私被暴露了。

最后，若要从网络、环境和人所形成的系统角度来整体考虑网络对抗，那么苦肉计就早已被完美融入了网络对抗的攻防技能中。实际上，网络攻击是典型的漏洞攻击，黑客的主要工作就是发现漏洞和利用漏洞。什么是漏洞呢？笼统地说，所有规律在黑客眼里都是漏洞，他只需意外打破这些规律，就能利用这些漏洞，并在一定程度上取得攻击效果。如果再具体一点，任何一种思维定式在黑客眼里也是一种漏洞（比如，"正常人不会自害"就是一种最基本的思维定式），但是社工黑客巧妙地打破了这个思维定式（比如，巧妙地来一次自害），那他就能在一定程度上突破对方的防线。一句话，苦肉计其实只是巧妙地打破了"人不会自害"这个基本的思维定式而已。

所谓思维定式，也称惯性思维，就是按照以往积累的思维活动、经验、教训和已有的思维规律，在反复实践中所形成的较稳定的、定型化的思维路线、方式、程序和模式等。在环境不变的条件下，思维定式有助于利用已有的方法迅速解决问题，促进人们更好地适应环境。但若环境发生了变化，思维定式反而会妨碍人们采用新方法。因此，消极的思维定式是束缚创造性思维的枷锁，也是可以被黑客充分利用的系统漏洞。思维定式在心理学上的表现形式便是一种名叫心理定式的现象，它能对人的感知、记忆、思维和情感等心理活动和行为产生正向或反向的推动作用。比如，面对两张照片，一张是帅哥，另一张是丑八怪。然后请你指认其中谁是逃犯，谁是模范，估计绝大多数人都会给出相当一致的，带有明显思维定式偏见性的答案。又比如，当某个受害者声称施害者是其仇敌时，估计绝大多数人都会相信受害者的话，这便是苦肉计所利用的思维定式。

思维定式的种类很多，包括但不限于来自狭隘传统习惯的传统定式，来自片面书本知识的书本定式，来自以往局部经验的经验定式，来自个别名家名言的名言定式，来自某些权威人士所言所行的权威定式，来自大众言行影响的从众定式，等等。以及名字较罕见的麻木定式，它主要表现为对事物不敏感，思维不活跃，注意力不集中，对生活、学习和工作等都没兴趣，总感到一切都平平无奇。

思维定式不可避免。任何人在面对以往知识、经验和习惯时，都会形成相对固定的认知倾向，从而影响随后的分析、判断和决策，这在无形中就形成了某种思维定式。若当事者能从以往的某种思维定式中获得好处，这种思维定式将在他头脑中获得进一步加强，甚至变得根深蒂固。大家最为熟悉的一种思维定式可能当数"习惯"，它几乎是一种固定的因循守旧的思维形式，甚至已经变成了不假思索的反应行为和适应行为，因此这也很有可能变成被黑客利用的漏洞。

思维定式主要有以下四个特征：

一是模式性，思维定式也是一种思维模式，它会通过各种内容体现出某种思维程序，甚至逐渐定型出一般的路线、方式、程序和模式等。

二是趋向性，每个人几乎总是倾向于将陌生的情境归结为熟悉的情境，从而在条件不变时他便能迅速地感知现实环境，表现出思维空间的收缩趋势，同时也带有集中性思维的痕迹。

三是常规性，日常生活中的许多事情都有其可遵循的常规，久而久之这些常规就会融入思维，产生强大的惯性或顽固性。思维定式不但会逐渐成为思维习惯，甚至会深入潜意识，成为不自觉的、类似于本能反应的东西。

四是程序性，任何人在解决问题时都有自己的习惯性步骤，并遵守一定的程序。作为一种特殊的思维活动，思维定式的程序性会表现得更加明显。若环境发生了变化，过去的经验性程序可能会造成对环境的感知错误，进而导致错误的解释、决策和行动等。形象地说，如果输入的信息错了，程序的最终输出结果当然也会是错的。

思维定式既有积极作用，也有消极作用。从正面看，思维定式能充分利用以往经验，将新问题与旧问题进行全面比较，抓住新旧问题的共同特征，将过去的知识和经验运用于当前情境，用过去的老办法来处理当前的新问题。具体来说，思维定式的积极作用主要表现在如下三个方面：

一是帮助你尽快找到解决问题的大方向。若想解决某个问题，首先得明确一个努力方向和阶段性目标，否则将会陷入盲目性而不知所措。这时，思维定式刚好就能为你提供适当的类比和参考。当然，如果你的参照目标找错了（或者目标不准确），思维定式可能反而会将你引入歧途。

二是能为你解决新问题提供备选的知识和手段。由于不同类型的问题总有相应的常规或特殊的解决方法，而以往被实践证明是有效的知识和手段也可能对类似的新问题仍然有效。这时，思维定式便能及时帮你对症下药，找到解决新问题的有效工具。当然，如果你的榜样找错了，思维定式将让你错得更远。

三是能帮你快速找到解决新问题的规范，使你能有目的、有计划、有步骤地从事相关工作。总之，思维定式能为你提供解决问题的常规方式，帮你省去许多摸索和试探步骤，缩短思考时间，提高工作效率。据不完全统计，在日常生活中，思维定式可以帮助人们解决每天碰到的 90% 以上的新问题。

思维定式的消极作用主要是它容易让人产生思想上的惰性，养成呆板、机械和千篇一律的不良习惯，当然也就为黑客提供了可乘之机。特别是当新旧问题形似而质异时，思维定式更会误导当事者。当旧问题的条件发生质变时，思维定式也会让当事者墨守成规，难以提出新思想，做出新决策，形成新知识，或积累新经验。不同事物之间本来就既有相似性，也有差异性，而思维定式则主要适合于事物间的相似性和不变性，思维定式是一种以不变应万变的策略。概括来说，当新旧问题的相似性起主导作用时，由旧问题形成的思维定式将有助于解决新问题；反之，思维定式将产生负面作用。比如，当"人不会自害"的思维定式牢固不破时，你就一定会成为苦肉计的中计者。

打破思维定式有什么妙招吗？当然有。实际上，人们之所以会形成思维定式，这在很大程度上归因于信息的不对称。若能了解更多的外部信息，就能避免坐井观天式的思维定式。若某人长年累月只能接触到固有的局部信息，久而久之他就会形成惯性思维，认为事情本来就如此。比如，若他不知道世上竟有苦肉计这种计谋，他在苦肉计面前几乎不堪一击；若他头脑中随时都有苦肉计这根弦，他就可以轻松识破施计者的阴谋。实际上，面对苦肉计等社工黑客的所有攻击，只要你头脑中有那根弦，意识到了他正在对你进行社工攻击，那么黑客的坑蒙拐骗等手段几乎必定失败。

若想打破思维定式，还得学会逆向思维、横向思维和发散思维等非常规性思维。比如，若想学会逆向思维，一方面要习惯深思熟虑，要敢于选择与主流观点相反的意见，不怕被贴上"离经叛道"的标签，不怕承受外界误会；另一方面还要根据具体情况推敲具体结论，既不要因循守旧，也不要为了标新而标新，为了立异而立异。锻炼逆向思维的方法主要有三个：

一是缺点逆向思维法。事物难免有缺点，常规思维是克服或掩盖缺点，而逆向思维则要将缺点转化为优点，化被动为主动。

二是转换型逆向思维法。当遇到问题时，人们通常都会借用以往的经验，采取某种固定思维的手段去解决问题。但若该问题久攻不下时，也许就该换个思路，另辟蹊径，寻找其他新手段来试图解决问题。

三是寻找反义词法。当面临某个新问题时，我们通常都会顺着逻辑依序思考。如果失败，不妨从相反的逻辑来重新考虑该问题，没准就会"柳暗花明又一村"。

打破思维定式的办法还有很多，这里就不一一罗列了。下面简要介绍两种。

社交破壁法。多出去走走，多学习别人的经验，多吸取别人的教训，特别是多向专家请教。毕竟当局者迷，旁观者清。当自己陷入思维定式而不能自拔时，也许别人不经意间的一句话就能让你豁然开朗，正所谓听君一席话，胜读十年书。此外还要勤于思考，对于那些司空见惯的小事物也别忽略，也要深入探索，没准儿就能从中发现破壁之招。

大胆猜测法。人类的发展与想象力密切相关，只要大胆想象就很有可能突破思维定式，提出新设想，进而实现新的发现与创造。因此，若想打破思维定式，就必须充分且深入地挖掘想象力，敢于大胆猜测，敢于否定过去，敢于否定权威。同时也要对自己的猜测进行小心求证，一旦证伪更要舍得放弃。

总之，破解苦肉计的最佳办法就是别陷入常规的思维定式。

# 第 35 计

# 连环计

将多兵众，不可以敌；使其自累，以杀其势。
在师中吉，承天宠也。

顾名思义，连环计就是环环相扣的一组计策，它可能是三十六计中内涵最模糊，外延最宽泛的计谋之一。由于任何博弈都是一个系统工程，都不可能一计打天下，都必须多计并用，计计相连，相互呼应。其中，有些计谋用于让对方"自累"，即从内部牵制敌人；有些计谋用于从外部攻击敌人，不同的计谋扮演不同的角色，只要这些计谋相互配合得足够好，任何强敌几乎都能攻无不破。总之，如果敌方力量足够强大，那就不要与之硬拼，而是要巧妙运用各种谋略使敌人内部自相钳制，借以削弱其战斗力，然后再寻找机会予以沉重打击。

史上最著名的连环计之一，可能当数老百姓津津乐道的《三国演义》中的火烧赤壁故事。当时，周瑜先是巧用反间计，让曹操误杀了熟悉水战的蔡瑁和张允，接着又让庞统向曹操献上锁船的"妙计"，最后再用苦肉计让黄盖诈降。如此一来，三计连环，相互配合，就将不可一世的曹操打得大败而归。在实战中，有时会将更多的计谋连环使用，让敌人顾此失彼，防不胜防。

在传统战争中，连环计主要包含三层含义：

一是"自累"，即让敌人自相钳制，使其内部的各种势力互相纠缠，谁也不能自由行动。因此连环计里就应该包含这样的计谋，它能在敌人内部制造新矛盾，或扩大并激化旧矛盾，使其发生内乱，产生内耗，进而削弱自身力量。

二是主动给敌人准备某些利益，使他们为其所诱，让他们为了捞取这些利益而临时改变原计划；或让他们把这些留而无用，弃而可惜，又没什么重要价值的包袱背在身上，形成难以卸掉的负担。就像在战场上遍撒豆料，吸引战马驻足食之，从而打乱敌人的冲锋计划一样。

三是连环计中的各个计谋都应该环环相扣。凡是用计，都需要多计并用，使各计之间相辅相成，即使其中某一条或数条计谋失败，其他配套计谋也能马上替补，一个计谋跟着一个计谋，步步为营，不留任何漏洞。

在传统战争中，应对连环计的主要对策也有三个：

一是莫贪便宜。金钱和美女之类的诱惑是连环计的主要手段，切不可受其诱惑而见利忘义，同室操戈，否则就正中施计者的下怀，让亲者痛，仇者快。

二是风雨同舟。当自己内部发生矛盾时，切不可把友方的异见者置之死地而后快，要多关注双方所共同面对的严峻形势，多想想双方的共同利益，多想想唇亡齿寒的道理。特别是在大敌当前时，大家更要意识到内部诸方谁也无法独自幸存，只有联合起来，才有生存的希望。

三是早脱环扣。若已被敌人的连环计困住，最好别再继续同敌人周旋，否则将十分危险，毕竟你不可能躲过环环相扣的所有计谋，只要有一次失误，就可能一败涂地。此时，最好的办法就是走为上，尽早跳出连环计的羁绊，远离危险，以求自保。这也许就是俗话所说的"三十六计，走为上"的原因吧。

在网络对抗中当然也少不了连环计。实际上，我方与黑客之间的所有攻防过程，都是由一系列计谋组成的连环计。比如，网络安全中最直观的连环计，可能当数由入侵检测、防火墙、密码加密和审计系统，这"四计"串联组成的连环计。其中，入侵检测负责发现黑客的攻击行为，然后向防火墙报警。接到警报后，防火墙就会立即做出响应，或启动某些既有功能或更新相关配置，以便阻止黑客进入我方系统。万一防火墙被黑客突破，此时密码加密将作为下一道安全防线，让黑客即使盗取了敏感数据，他也仍然读不懂其内容。最后，黑客的所有攻击行为都将在审计系统中留下蛛丝马迹，以便己方随后追踪溯源，将黑客绳之以法。

由于很难从正面给出网络对抗中各种连环计的完整描述，所以下面只好从反面来介绍连环计，即如何防止黑客对我方网络施行连环攻击。

首先防止"自累"，即防止我方各系统之间的相互牵制和相互抵消。为了说明如何防止"自累"，我们先讲个故事。假如某小区中每家每户都各自聘请一个退休老头看家，那么该小区的安保开销总额肯定很大，而且小区的安保能力也很弱，各家彼此间的"自累"很严重，罪犯只需对付一个老头便能得手。但若由小区管委会统一聘请某家安保公司，那就只需很少几位训练有素的安保帅哥就能大幅提高安全强度且每家的开销还会大幅降低，这就很好地避免了"自累"。

在网络安全中，在用"帅哥"而非"退休老头"来防止"自累"方面做得最好的榜样之一，可能当数从 2009 年开始，一直持续到现在并将长期进行下去的"美国爱因斯坦计划"，其全称为"国家网络空间安全保护系统"（NCPS）。至今该计划已耗资 70 多亿美元，它以最先进的数据安全技术为抓手，以大数据技术为依托，以威胁情报为核心，实现对美国联邦政府民事机构互联网出口网络威胁的持续监测、预警、响应与信息共享，以提升联邦政府网络的态势感知能力和生存能力。形象地说，NCPS"帅哥"所保护的"小区"其实是美国全境的民事机构互联网，它能避免这些机构中安全手段的低水平重复，避免各机构之间的各行其是，尤其是避免"三不管"地带的出现等。黑客若想在该"小区"中得手，他必须至少在入侵检测、入侵防御、安全分析和信息共享等方面具备全球顶级水平，其难度显然远远大于对付几个业余的"退休老头"。

在防止"自累"方面，NCPS 给了我们很多重要启发。

（1）NCPS 从一开始就站在国家战略高度来统一部署"小区"安全，而不是"各人自扫门前雪，莫管他人瓦上霜"，这就从根本上动摇了产生"自累"的基础。比如，采用了法规先行（法案、行政命令、国家标准等）、制度开道、统一建设、持续投入的方式，终于将 NCPS 从一个切实可行的初级态势感知项目开始，逐步发展成为一个规模庞大的国家级安全战略项目。

（2）从定位上看，NCPS 与各个联邦民事机构本身的既有安全防护系统之间的关系，并不是替代关系，而是叠加关系。此外，NCPS 更注重针对高级威胁的监测与响应，更重视跨部门/厂商的协调联动、信息共享和集体防御等。形象地说，"帅哥"的出现并不妨碍某些特殊家庭继续聘请自己的"退休老头"，这就又避免了因干涉各家内政而可能引发的"自累"现象。反正，"帅哥"们只是从整体上大幅提高了美国全国民事机构互联网的安全强度。

（3）无论从资金还是从技术等方面来看，NCPS 都得到了长期稳定的发展，从而使得"小区"的安全强度始终都维持在很高的水平，让黑客们的连环计很难奏效。此外，他们特别重视 NCPS 的运行维护，甚至其技术和产品采购的比重都越来越低，服务费用却越来越高。可见，要想实现国家安全体系常态化的运营，就必须具有大量的长期运营投入，还需要大量的安全分析师，否则，再先进的设备都只能是摆设。NCPS 在很大程度上采用了托管服务和安全服务的形式，从而让各方面权威专家为各个联邦机构提供一流服务。此外，NCPS 的安全效果也得到了长期持续的度量，并在度量基础上获得了科学而持续的改进。

（4）从技术上看，NCPS 不但充分发挥了规模效应，还特别注重新技术的运用，甚至几乎所有最新的安全技术都会在这里抢先亮相。比如，机器学习、威胁情报、行为画像、异常行为分析、高级威胁检测、编排自动化响应、加密流量威胁检测等都在 NCPS 中得到及时体现，而且都会经历一个先试点再铺开的过程。又比如，NCPS正在充分利用云技术来降低整体成本、提升服务能力、改进服务方式等。

除了防止"自累"之外，对付黑客连环计的另一个重要思路就是协同联动，让各种安全措施相互协调，整合多种防御技术，建立有机的防御体系，拒敌于门外，从而有效地防患于未然，用联动对付连环。具体来说，协同联动就是利用现有安全技术、措施和设备，将时间上分离、空间上分散而工作上又相互依赖的多个安全系统有机组织起来，使整个安全系统能够最低限度地发挥效能。总之，协同联动可以使我方灵活应对黑客攻击，黑客若兵来我方就将挡，黑客若水来我方就土掩。否则，如果放任安全防护设备和技术继续各自为战的话，网络防护节点间的数据将难以共享，防护技术也无法关联，从而导致防御体系处于孤立和静止状态，当然就不能满足日趋复杂的网络安全形势的需要。

通过协同联动机制，网络中相对独立的安全防护设备和技术将被有机组合起来，使得一种安全技术直接包含或是通过某种通信方式链接另一种安全技术，从而让这些技术彼此之间取长补短，互相配合，共同抵御各种攻击，这已成为未来网络安全防御发展的必然选择。实际上，面对协同联动防御体系时，黑客必须突破多个防御层次才能进入系统，这就大幅降低了他的攻击成功率。尤其是当系统中某节点受到威胁时，该节点就会及时将威胁信息转发给其他节点并采取相应防护措施，同时让整体系统开启一体化的调整和防护策略。

协同联动的含义非常丰富而且还在不断发展，因此不可能给出一个完整描述。不过，协同联动主要有下面四个方面。

第一，数据协同，它是所有协同联动的基础。黑客之所以经常处于主动地位，主要是因为信息不对称，我方在明处，黑客在暗处。数据协同的目的就是扭转这种被动局面，当黑客正在这里发动攻击时，他的各方面信息将很快被传遍各个防御点，从而让我方能以逸待劳，在随后的网络对抗中抢占制高点。及时的数据协同，还有助于我方对黑客的追踪溯源，以便斩草除根。若再细分的话，数据协同又可分为三个层次。

一是海量数据的协同联动，比如，通过机器智能，对海量的攻击信息进行不断的迭代学习，从而自动识别出恶意样本，并为下次迭代积累经验。

二是异构数据协同联动，它同时将多个安全检测设备作为数据来源，进行多源数据协同分析，利用部分先验知识将微弱的线索串联起来，由点及面，及时发现可能的攻击行为。比如，若能将边界和内网的终端、应用和系统的各种行为进行联动分析，那么借助统计模型和机器学习等方法便能及时发现黑客行为。

三是云地数据的协同联动。它将本地安全设备与云端威胁情报进行协同，以获取最新的先验知识。毕竟为了节省自己的成本，黑客的攻击手段经常会反复使用，于是只要借助云地数据的协同联动，黑客在任何地方出现一次，他千辛万苦研制出来的攻击手段将会在第二次使用时被我方有效拦截。

第二，产品协同联动。网络安全产品种类繁多，功能也千差万别，有的负责边界防护，有的保障接口安全，有的确保界面安全，有的发现漏洞，有的查杀病毒，有的保护隐私信息，有的对付社工攻击，有的加密信息，有的进行权限认证，有的负责内部管理，有的负责态势分析，等等。因此，产品的协同联动异常复杂，甚至需要为特定的信息系统量身定制，所以此处只是点到为止。

第三，产业协同联动。它就是安全产业界各厂商之间的协同，这是一种共赢的协同，它使得各方都能发挥自己的特长，更加专注于自己的"独门绝技"，为社会提供更强大的安全能力。产业协同联动的方式主要有三种：

一是自发式协同，比如，各厂商提供 API 接口，供其他厂商和客户直接调用。这种协同的优点是，形式灵活；缺点是，接口和服务质量不统一，容易引发混乱。

二是联盟式协同，即多个厂商组成对等的联盟，协商彼此交换的内容。这种协同方式的优点是，接口统一；缺点是，容易引发同质化，同时加剧封闭性。

三是生态式协同，即不同类型的厂商有组织地形成生态系统，采用开放透明的平台提供服务。其优点是，具有稳定性和包容性；缺点是，需要足够开放稳定的平台。

第四，智能协同。它是一种更高层面的协同，它将机器和人类的智能联系起来，以此提升安全防护能力，它将是人工智能时代的安全之道。智能协同也可以分为三个方面：一是机器与机器的协同，二是机器与人的协同，三是人与人的协同。限于篇幅，这里就不再细述了。

总之，只要能有效避免"自累"，只要能做好网络的协同联运工作，黑客的连环计就很难发挥作用。

# 第 36 计

# 走为上

全师避敌。左次无咎，未失常也。

作为三十六计中的最后一计，走为上早已家喻户晓，它的核心其实就是一个字"走"。此计原指在战场上无力抵抗敌人时，就以逃走为上策。如今，此计已广泛用于工作和生活各方面，"走"的含义也随之不断扩展，早已不是被许多人误解的简单逃跑了。比如，在处理某件事时，若已到了别无他法的无可奈何之地步，那就只能及时回避，一走了之。在博弈过程中，当情况极为不利时，就可选择暂时退却，以图重新再来或另谋他法。此计的运用并不容易，既要辨清形势，该走时才走，不该走时则要咬牙坚持；又不能慌乱，不能演变为不顾一切地狼狈逃窜；还得周密谋划，不得泄露天机，不得留有明显瑕疵；更得寻找空隙，以最小的代价走出去；还要防止跟踪，确保此计的最终成功。

"走"是一种知难而退，是为了保住本钱，是"留得青山在，不怕没柴烧"的策略。既不能见难就走，也不能知其不可为而强行为之，否则就是以卵击石，就是盲目蛮干或轻敌冒进。何时才"走"，这是一个很重要的问题，必须遵循客观规律。走晚了就会陷入险境而无法自拔，走早了无疑就是失败的逃跑。

"走"是一种以退为进，是寻机反攻的策略，是看似无为而实则无不为的技巧。当前的暂时退让，只是为下一步的更大进攻做准备。巧妙的"走"意在引诱和调动敌人，是一种以曲迂为直的歼敌术。比如，假装退却，诱敌深入，使其误入我方的"口袋"，然后聚而歼之。假装退却，诱敌分散，然后各个击破，实现以少胜多。假装退却，向敌示弱，助长其骄傲轻敌心理，然后乘其不备，突然反击。假装退却，变换环境，特别是变换到我方所熟悉的环境，从而取得天时和地利优势。假装退却，拖垮敌人，然后以逸待劳，以弱胜强。假装退却，避免决战，以最小的代价获取最大的胜利等。

"走"是一种急流勇退，可以避祸保名，毕竟物极必反，毕竟否极泰来，能进能退，能屈能伸才是真英雄。在危机尚未爆发且即将爆发前，若能有计划地主动撤退，避开灾祸，就能谋求东山再起。无论哪种博弈，谁都不是常胜将军，在瞬息万变的博弈中，不机警就不能应付，不变通就不能达权，退却并不等于怯懦，也不是英雄末路。只有采取适当的权宜之计，甚至不惜功成身退，才有可能远离是非之地，躲避祸患，重振雄风。

在网络对抗中如何理解和运用走为上计呢？当然不能机械照搬，毕竟从软硬件角度看，网络系统始终都待在那里，从物理位置上讲，它们根本就无处可走，无处可逃。但是，在走为上中，"走"的本质其实就是离开对手的攻击范围，使对方的攻击失效。换句话说，若能使黑客的攻击对你鞭长莫及，那你实施的走为上就成功了。在网络安全中，哪些技术能让黑客的攻击鞭长莫及呢？太多了，下面仅介绍三种有代表性的走为上的安全技术。

第一种，也是最为直观的走为上叫物理隔离。顾名思义，它将采用物理方法把内网与外网彼此隔离，避免黑客入侵或信息泄露。物理隔离的成本很高，对性能的牺牲也很大，主要用于那些对安全需求特高的保密网和专网等特种网场景。当这些特种网需要连接互联网时，为了防止来自互联网的攻击，为了保证系统的保密性、安全性、完整性、防抵赖和高可用性等，就必须采用包括隔离网闸和隔离卡等在内的物理隔离技术。

这里的隔离网闸就像闸门一样，能创建一个特殊环境，使内网和外网从物理上断开，但在逻辑上却能彼此相连。因此，它在内网和外网之间创建了一个物理隔断，使网络数据只能单向流动，而不是像普通连接那样的双向流动；使内网计算机不能与外网计算机产生实际连接。由于隔离网闸所连接的独立主机间不存在通信的物理连接、逻辑连接、信息传输命令和信息传输协议，因此也就不存在依据协议的信息包转发，而是只有数据文件的"摆渡"，且对固态存储介质只有"读"和"写"两个命令。总之，隔离网闸从物理上隔离了具有潜在攻击性的一切连接，使黑客的攻击鞭长莫及，从而确保了内网安全。另外，物理隔离卡则安装在计算机主板插槽中，它能把一台普通计算机分隔成多台虚拟计算机并实现物理隔离。

通过内网和外网的物理隔离，可以确保内部系统不受外来黑客的攻击。此外，物理隔离也为内网划定了安全边界，增强了网络的可控性，方便了内部管理。

物理隔离的功能主要有：阻断网络的直接连接，永远也不会有两个网络同时连在隔离设备上；阻断网络的互联网逻辑连接，剥离所有通信协议；隔离设备不会被病毒感染；所有数据都得通过两级移动代理才能完成传输，且这两级移动代理间也是物理隔离的；隔离设备具有审计功能；隔离设备传输的原始数据既没有攻击性，也不危害网络安全。此外，物理隔离还具有强大的管理和控制功能。

当然，必须指出的是，在网络对抗过程中，任何技术都不是绝对安全的。比如，黑客突破物理隔离的方法就至少有：让 USB 接口自动运行或发动固件攻击；将普通 U 盘用作信号发射器，在物理隔离的主机和黑客的接收器间传递数据，进而加载漏洞利用程序和其他工具，或从目标主机中渗漏数据；利用计算机中央处理器所泄漏的电磁信号来建立隐秘信道，突破物理隔离；充分利用突破法拉第笼的电磁信道来传递信息；利用 LED 状态指示灯，将内网系统中的信息传输到 IP 摄像头；等等。此外，黑客还可利用红外遥控、超声波通信、无线电广播和移动设备等手段，从内网中截取敏感信息。

第二种，也是比较直观的走为上叫作防火墙，它能在内外网络的接口处构建一道相对隔绝的保护屏障，以增强内部系统的安全性，抵御外部黑客的攻击。防火墙是一种隔离设备，具有适当的单向导通性，只不过其隔离强度弱于前述的物理隔离而已。防火墙的主要功能在于及时发现并处理网络运行时的安全风险，其处理措施包括隔离与保护。同时，防火墙还能记录和检测网上的各项操作，以确保系统的安全性和数据的完整性，从而为用户提供更好更安全的服务。

防火墙已被非常普遍地部署于专网和公网的接口处，它能有效阻断来自互联网的黑客攻击，只有在防火墙允许的情况下，用户才能进入专网；否则，用户就会被阻挡在外，使黑客的攻击鞭长莫及。防火墙还有较强的警报功能，当黑客试图强行闯入时，防火墙就会迅速报警，提醒可能的攻击行为，然后进行自我判断以决定下一步行动。合法用户还可以随时查询防火墙的审计记录，以便按需调节防火墙的相应设置，决定哪些行为必须阻断，哪些行为可以放行。防火墙还掌握着数据的上传和下载情况，可以帮助合法用户进行相关的控制判断，了解内部专网的实时安全情况，必要时对流量进行总结和整理等。

防火墙能最大限度地阻止外部黑客的非法访问，它驻守在公网和外网间的唯一出入口处，能根据用户的个性化策略自由控制出入信息流，决定哪些数据可以通过，哪些必须拒绝，还能对这些数据进行多方面监测等。防火墙本身还具有较强的抗攻击能力，它在逻辑上是一个分离器、限制器和分析器。防火墙能对流经的数据进行扫描，过滤一些已知的黑客攻击。防火墙可以关闭某些未用端口或特定端口，从而封锁许多木马和病毒。防火墙可以禁止来自特殊站点的访问，防止来自不明入侵者的所有通信。总之，防火墙作为一个阻塞点和控制点，它能极大提高内部专网的安全性，只允许那些经过精心选择的数据通过防火墙，从而使得网络环境更加安全。

防火墙的功能主要有四个方面。

一是能强化网络安全策略，有效防止外部入侵。通过对防火墙安全方案的适当配置，便能将口令、加密、审计和身份认证等所有安全策略统一配置在防火墙上，使得安全管理更经济更有效。

二是既能监控，又能审计。由于外部的所有访问都得途经防火墙，因此，防火墙能够进行详尽的日志记录，也能提供网络使用情况的统计数据。当发生可疑动作时，防火墙还可报警并提供相关监测和攻击的详细信息。通过对日志的审计，不但能摸清黑客的探测和攻击情况，还能对防火墙的效能进行客观评估，更能完成安全的需求分析和威胁分析等重要任务。

三是能防止内部信息的外泄。通过对内部专网的划分，防火墙可实现重点网段的隔离，限制局部安全问题对全局网络的影响，隐蔽那些可能透露内部细节的服务。比如，阻止黑客了解专网中主机用户的域名、真名、注册名、IP地址、最后登录时间和使用情况等。此外，防火墙还支持内部专网的虚拟专用网技术。

四是具有日志记录与事件通知功能。同样，由于进出专网的数据都必须经过防火墙，所以通过日志分析，就能获得专网使用的详细统计信息。当发生可疑事件时，它便能根据预设机制进行报警和通知，并提供相关的威胁信息。

除了对付外部黑客之外，防火墙对加强内部管理也很重要，其主要表现有三个。

一是它提供了许多重要数据。比如，防火墙不但能收集运行过程中的传输数据和访问信息，还能对这些东西进行分类，借此找出其中存在的安全隐患，提出有针对性的解决措施，有效防止安全隐患。此外，通过对防火墙数据的总结，还能搞清各种异常数据的特点，借此有效提高风险防控的效率和质量。

二是它能有效防止内部人员访问不良网站。内部网络的许多病毒和木马其实都来自内部人员对不良网站的违规访问，通过对防火墙的适当配置，就能实时监控内部人员的违规操作。实际上，防火墙一旦发现有人试图进入预设的不良网站，它就会立刻自动发出警报，阻断相应的访问，并为随后的追责保留证据。

三是它能有效控制不安全的服务。实际上，只要配置得当，防火墙就能将许多不安全服务有效拦截下来，防止非法攻击造成的影响。此外，通过防火墙还能对专网实施监控，构建一个安全可靠的网络环境。

第三种，比较直观的走为上的安全技术叫作白名单。形象地说，白名单就是"只有名单上所列的操作才是合法的，其他所有操作均为非法"。可见，白名单的要求非常严格，即使黑客已经混入内部，他也不能为所欲为地进行任何操作，以致他只能从事那些经过严格审查并获得允许的无害操作，所以黑客的攻击行为将会完全失效，这也相当于我方处于黑客的攻击范围之外。

由于白名单技术的成本太高，合法用户使用也极不方便，所以除非是对安全要求特别高的系统，否则一般不会轻易使用白名单，而是使用与之相反的黑名单技术，即认为"只有名单上所列的操作才是非法的，其他所有操作均为合法"。比如，防火墙就采用了典型的黑名单技术，它将已知的黑客攻击行为标记为非法操作，一经发现便会毫不留情地予以阻断。

白名单曾经极不受欢迎，因为它的部署太难，管理成本太高，使用起来太不方便。然而在最近几年，白名单产品已获得良好发展，它们基本能够较好地与现有安全技术进行整合，从而弥补其既有缺点。

甚至许多安全产品的某些特殊功能也都采用了白名单思路，使得某些关键操作更加安全。

白名单的优势至少有四个：

一是它能抵御零日漏洞和许多未知攻击；

二是它能阻止恶意程序被有意或无意安装；

三是它可以提高工作效率，让系统以最佳性能运作；

四是它可以提供系统的全面可视性，帮助追踪黑客的攻击路径。

总之，在网络对抗中，实施走为上的关键是远离黑客的攻击范围。

# 跋

从某种程度上看，《三十六计》可算作简化版的《孙子兵法》。通过本书前面36章内容，我们已首次从网络安全角度，重新对《三十六计》中的所有计谋进行了逐一诠释，其目的就是想让兵法迷们了解并爱上网络安全，从而避免今后成为黑客的牺牲品。与此相反，本跋则是想让网络安全专家们了解并爱上兵法，从而使自己在今后的网络安全保卫战中更加能攻善守。为此，我们用网络安全的思想和语言，在假设读者已精通网络安全的前提下，重新模仿改写了《孙子兵法》，当然已去掉了传统兵法中的过时内容。本跋曾出现在拙作《博弈系统论——黑客行为预测与管理》（简称《博弈系统论》）中，当时只是想让那本应用数学专著不至于太吓人，所以在冗长的数学公式后面增加了一些人文趣谈，但我们认为如下的网络安全版"孙子兵法"更适合作为本书的跋，特此说明。

## 网络安全版"孙子兵法"

网络安全，民之大事，国之根本，成败之道，不可不察也。

网安原则有五，顺之则昌，逆之则亡。一曰道，二曰天，三曰地，四曰人，五曰技。道者，令民与其同心也，故可以与之进，可以与之退；而不为谣言乱，不为名利叛。天者，外部环境也，如知彼、知攻防极限、知演化规律、知系统生态链也〔见《安全通论——刷新

315

网络空间安全观》，（简称《安全通论》）]。地者，内部情况也，如知已、知所求、知纳什均衡点、知撒手锏利器也。人者，智、诚、灵、正、善、强也。技者，静若处子，动若脱兔；视弱如水，用则似钢；大隐潜深渊，大形掀翻天；随机应变，速战速决也。凡此五者，君莫不闻，知之者胜，不知者不胜。故请自问曰：吾有道？吾有能？吾兵强？吾马壮？吾技精？吾得天时？吾获地利？吾令行禁止？吾怀必胜之心？以此，知胜负矣。君听吾计，用之必胜，留之；君不听吾计，用之必败，去之。

五原则若尊，乃为之势，以佐其胜。势者，因利而制衡也，如科普增防御之势［见《安全简史——从隐私保护到量子密码》（简称《安全简史》）和《密码简史——穿越远古 展望未来》（简称《密码简史》）]，法律压内鬼之势，精技挫对手之势。网战者，诡道也。故能而示之不能，用而示之不用，弱而示之强，强而示之弱，虚而示之以实，实而示之以虚；欲而诱之，乱而取之，实而备之，强而避之，怒而挠之，卑而骄之，逸而劳之，亲而离之。攻其无备，出其不意。此网战之胜，不可先传也（详见《博弈系统论》）。

凡事预则立，不预则废；言前定则不殆，事前定则不困，行前定则不疚，道前定则不穷。夫未战而预测博弈轨迹者，得胜多也；未战而庙算不利者，得胜少也。知微观者，术强也；知中观者，谋胜也；知宏观者，成竹在胸也；中观、宏观何处见，请读《安全通论》也。微观之术为六性：一曰真实性，二曰保密性，三曰完整性，四曰可用性，五曰不可抵赖性，六曰可控制性。反馈及时者，应对从容也；微调得当者，纠错不误也；迭代快速者，攻守自如也。善用维纳定律者胜，否则败；善大数据挖掘者胜，否则败；多算胜，少算不胜，而况于无算乎！胶着有突变，蝴蝶扇风暴；僵持无胜负，除非生变故。若以此观之，胜负见矣，黑客行为察矣。故曰：知彼知己，百战不殆；

不知彼而知己，一胜一负；不知彼，不知己，每战必殆。故形人而我无形，则我暗而敌明；我聚为一，敌分为十，是以十攻其一也，则我众而敌寡；能以众击寡者，则吾之所与战者，惨矣。吾所与战之地不可知，不可知，则敌所备者多；敌所备者多，则吾所与战者，寡矣。备前则后寡，备后则前寡，备左则右寡，备右则左寡，无所不备，则无所不寡；备战之技巧者，见安全经络图也（见《安全通论》）。寡者，备人者也；众者，使人备己者也。最佳攻防策略何处取，沙盘演练有捷径（见《安全通论》）。

凡网战之法，或明争或暗斗。明争者，肉机万台，主机万台，僵尸万具，病毒无数，间谍繁多，谣言四起。则内外资源，人工之耗，网络带宽，存储容量，加密解密，秒费无度，然后数十万木马之师举矣。暗斗者，风平浪静，或破译密码，或植入代码，或设陷钓鱼，或雾里看花，专等于无声处听惊雷。故知战之地，知战之日，则可千里而会战。不知战地，不知战日，则左不能救右，右不能救左，前不能救后，后不能救前，而况鞭长莫及乎？网战之难者，以迂为直，以患为利。故迂其途，而诱之以利，后人发，先人至，此知迂直之计者也。网战为利，故不知他者之谋，不能予交。故兵以诈立，以利动，以分合为变者也。故其疾如风，其徐如林，侵掠如火，不动如山，难知如阴，动如雷震。先知迂直之计者胜，此网战之巧也（详见《博弈系统论》）。

网战首功，必归于社工；坑蒙拐骗，无所不用其极。受害者，不分男女老幼；粗心者，定首当其冲。幸好，若懂得《黑客心理学——社会工程学原理》（简称《黑客心理学》）者，便易守难攻。人性有弱点，圣贤与平民皆同：感觉有漏洞，知觉有漏洞，记忆容易错，情绪会失控，动机遭诱惑，注意难集中，读心术多如牛毛，其实人类不难哄。微表情会泄密，肢体会泄密，服饰会泄密，姿势会泄密，习惯会泄密，爱好会泄密。让你喜欢，其实很简单；拉拢关系，其实很容易。谁是敌，谁为友，谁意善，谁混蛋，劝君切记长心眼。

网络之战，贵胜，更贵速，不贵久；久则顿兵挫锐，攻网则力屈，久暴师则后劲不足。夫顿兵挫锐，屈力殚劲，则对方乘其弊而反攻，虽有智者不能善其后矣。故攻防不速，未睹巧之久也。夫久战而获利者，未之有也。故不尽知慢速之害者，则不能尽知神速之利也。攻之事主速，乘人之不及，由不虞之处，击其所不戒也。兵之所加，如以石击卵者。凡先处战地而待敌者逸，后处战地而趋战者劳；故善战者，治人而不治于人。能使对手自至者，利之也；能使对手不得至者，害之也，故敌逸能劳之，饱能饥之，安能动之。出其所不趋，趋其所不意。网有所不击，机有所不攻，利有所不争，有所为而有所不为。是故智者之虑，必杂于利害。杂于利，而务可信也；杂于害，而患可解也。

善网战者，攻纲不攻目，尤以干线、路由、核心系统为主也；役不重复，资源靠巧技，取用于它，故后备足也。故知网之将，网民之司命，信息安危之主也。上兵伐谋，其次伐交，再次伐谣，其下攻网。攻网之举，为不得已也。夫兵形似水，水之形，避高而趋下，兵之形，避实而击虚。水因地而制流，兵因敌而制胜。故兵无常势，水无常形，能因敌变化而取胜者，谓之神。合于利而动，不合于利而止。网战之器必精，安全观念必新。隐私挖掘不能少，恶意代码也得搞；加密认证是关键，信息隐藏靠技巧；入侵检测查敌情，黑客社工要盯牢；防火墙、区块链，容灾备份双保险；安全熵、协议栈，法律管理需健全；赛博学、系统论，正本清源要认真；心理学、经济学，信息安全跨行业。

夫网战之法，攻心为上，攻网为下；全网为上，破网次之；如何攻心，假假真真，如何攻人，社会工程。三军可夺气，将军可夺心。是故朝气锐，昼气惰，暮气归。善博弈者，避其锐气，击其惰归，此治气者也。以治待乱，以静待哗，此治心者也。以近待远，以逸待劳，以饱待饥，此治力者也。破网中贼易，破心中贼难。是故百战百胜，非善之善者也；不战而屈人之兵，善之善者也。巧用《黑客心理学》，令攻者不攻，令守者不守；搞清黑客世界观，知其方法论，变被动为主动。心理平衡者不攻，心理失衡者欲动。故善用兵者，屈人之兵而非战也，拔人之城而非攻也，毁人之国而非久也，必以全争于天下，故兵不顿，而利可全，此谋攻之法也，攻心之技也。攻而必取者，攻其所不守也；守而必固者，守其所必攻也。故善攻者，敌不知其所守；善守者，敌不知其所攻。微乎微乎，至于无形。神乎神乎，至于无声，故能为敌之克星。进而不可御者，冲其虚也；退而不可追者。速而不可即也。故我欲战，敌虽高垒深沟，不得不与我战者，攻其所必救也；我不欲战，画地而守之，敌不得与我战者，乖其所需也。敌虽强，可使无斗。故策之而知得失之计，攻之而知动静之理，守之而知死生之地，斗之而知有余不足之处。故形兵之极，至于无形。无形，则深不能窥，智者不能谋。因形而错胜于众，众不能知；人皆知我所以胜之形，而莫知吾所以制胜之形。故其战胜不复，而应形于无穷。

凡处心积虑，策划数载，百姓之费，公家之奉，日费千金。相守多日，以争一时之胜，而受爵禄百金，不知敌之情者，不仁之至也，非人之将也，非主之佐也，非胜之主也。故网军之将，所以动而胜人，成功出于众者，先知也。先知者，不可取于鬼神，不可象于事，不可验于度，必取于人，索于机，知敌之情者也。故或人或机，或软或硬，用间有五：有因间，有内间，有反间，有死间，有生间。五间俱起，莫知其道，是谓神纪，博弈之宝也。因间者，因其乡人而用之。内间者，因其官人而用之。反间者，因其敌间而用之。死间者，为诳事于外，令吾间知之，而传于敌间也。生间者，反报也。故网战之事，动莫先于间，计莫精于间，事莫密于间。非圣智不能用间，非技精不能使间，非微妙不能得间之实。微哉！微哉！无所不用间也。

间事未发，而先闻者，间与所告者皆死。凡攻之所欲击，机之所欲攻，人之所欲谋，必先知其口令、守将，左右，谒者，门者，舍人之姓名，令吾间必索知之。知敌之间来间我者，因而利之，导而舍之，故反间可得而用也。因是而知之，故乡间、内间可得而使也；因是而知之，故死间为诳事，可使告敌。因是而知之，故生间可使如期。五间之事，帅必知之，知之必在于反间，故反间不可不厚也。

知网战之胜有五：知可以战与不可以战者胜；识技与谋之用者胜；同心协力者胜；备周待不备者胜；攻击信道容量大者胜。此五者，知胜之道也。不可胜在己，可胜在敌。故善网战者，能为不可胜，不能使敌之必可胜。故曰：胜可知，而不可为。不可胜者，守也；可胜者，攻也。守则不足，攻则有余。善守者，藏于九地之下，善攻者，动于九天之上，故能自保而全胜也。知吾之可以击，而不知敌之不可击，胜之半也；知敌之可击，而不知吾之不可以击，胜之半也；知敌之可击，知吾之可以击，而不知环境之不可以战，胜之半也。故知攻者，动而不迷，举而不穷。故曰：知彼知己，胜乃不殆；知天知地，胜乃不穷。

见胜不过众人之所知，非善之善者也；战胜而天下曰善，非善之善者也。故举秋毫不为多力，见日月不为明目，闻雷霆不为聪耳。古之所谓善战者，胜于易胜者也。故善战者，立于不败之地，而不失敌之败也。是故胜兵先胜而后求战，败兵先战而后求胜。善用兵者，修道而保法，故能为胜败之政。

凡网战者，以正合，以奇胜。故善出奇者，无穷如天地，不竭如江海。终而复始，日月是也。死而更生，四时是也。声不过五，五声之变，不可胜听也；色不过五，五色之变，不可胜观也；味不过五，五味之变，不可胜尝也；战势不过奇正，奇正之变，不可胜穷也。奇正相生，如循环之无端，孰能穷之哉！

激水之疾，至于漂石者，势也；鸷鸟之疾，至于毁折者，节也。故善战者，其势险，其节短。故善动敌者，形之，敌必从之；予之，敌必取之。以利动之，以我待之。故善战者，求之于势，不责于人机，故能择人机而任势。任势者，其力强也，如转木石。木石之性，安则静，危则动，方则止，圆则行。故善借环境之势，如转圆石于千仞之山者，势也。

# 参 考 文 献

[1] 杨义先，钮心忻. 安全简史——从隐私保护到量子密码 [M]. 北京：电子工业出版社，2017.

[2] 杨义先，钮心忻. 安全通论——刷新网络空间安全观 [M]. 北京：电子工业出版社，2018.

[3] 杨义先，钮心忻. 黑客心理学——社会工程学原理 [M]. 北京：电子工业出版社，2019.

[4] 杨义先，钮心忻. 博弈系统论——黑客行为预测与管理 [M]. 北京：电子工业出版社，2019.

[5] 杨义先，钮心忻. 通信简史 [M]. 北京：人民邮电出版社，2020.

[6] 杨义先，钮心忻. 密码简史——穿越远古 展望未来 [M]. 北京：电子工业出版社，2020.

[7] 杨义先，钮心忻. 科学家列传（4 册）[M]. 北京：人民邮电出版社，2020.

[8] 杨义先，钮心忻. 中国古代科学家列传（2 册）[M]. 北京：人民邮电出版社，2021.

[9] 杨义先，钮心忻. 通信那些事儿 [M]. 北京：人民邮电出版社，2022.

[10] 杨义先，钮心忻. 数学家那些事儿 [M]. 北京：人民邮电出版社，2022.

[11] 杨义先，钮心忻. 人工智能未来简史——基于脑机接口的超人制造愿景 [M]. 北京：电子工业出版社，2022.